粉末X射线衍射基础
以及GSAS精修进阶

FENMO X SHEXIAN YANSHE JICHU

YIJI GSAS JINGXIU JINJIE

葛万银　秦　毅　著

西安交通大学出版社

XI'AN JIAOTONG UNIVERSITY PRESS

图书在版编目(CIP)数据

粉末 X 射线衍射基础以及 GSAS 精修进阶/葛万银,
秦毅著. —西安:西安交通大学出版社,2023.7
ISBN 978 - 7 - 5693 - 3258 - 2

Ⅰ.①粉… Ⅱ.①葛…②秦… Ⅲ.①X 射线衍射-教材
Ⅳ.①O434.1

中国国家版本馆 CIP 数据核字(2023)第 100729 号

书　　名	粉末 X 射线衍射基础以及 GSAS 精修进阶	
主　　编	葛万银　秦　毅	
责任编辑	郭鹏飞	
责任校对	邓　瑞	
出版发行	西安交通大学出版社	
	(西安市兴庆南路 1 号　邮政编码 710048)	
网　　址	http://www.xjtupress.com	
电　　话	(029)82668357　82667874(市场营销中心)	
	(029)82668315(总编办)	
传　　真	(029)82668280	
印　　刷	西安日报社印务中心	
开　　本	787 mm×1092 mm　1/16　印张 9.125　字数 218 千字	
版次印次	2023 年 7 月第 1 版　2023 年 7 月第 1 次印刷	
书　　号	ISBN 978 - 7 - 5693 - 3258 - 2	
定　　价	36.00 元	

如发现印装质量问题,请与本社市场营销中心联系。
订购热线:(029)82665248　(029)82667874
投稿热线:(029)82669097　QQ:8377981
读者信箱:lg_book@163.com

前　言

从 2016 年回国参加工作以来,我开始给本科生和研究生分别讲授《材料分析测试方法》和《材料的现代分析技术》等课程,不知不觉地从"学习"阶段进入到"教学"阶段。在教学过程中发现大多数学生基础薄弱,有些是跨专业报考到材料科学与工程专业的学生,在 X 射线衍射方面基础知识尤为欠缺,而市面上很难找到一本适合轻工大类学生的 X 射线衍射书籍,既做到简单明了,同时也能兼顾实用。于是,我将平时上课的点点滴滴进行整理归纳,集腋成裘便有了本书的雏形。

回想自己在 X 射线测试技术方面的积累,如同爬山一样,伴随着一步一步的努力和奋斗。从博士后研究工作我开始频繁地接触到 X 射线衍射仪器,特别是在京都大学工作的几年里,几乎每天都使用 X 射线衍射仪器,对于 X 射线衍射相关知识的理解也就愈加深入。蓦然回首,使用 X 射线仪器至今已有十余载。刚开始学习的阶段也感觉云雾缭绕,对它的重要性也没有全面认识,故而理解亦浅。自己在学生时代也不清楚此项技术在材料研究中可以获得哪些重要的信息,对所测试的数据,分析过程照葫芦画瓢,浅尝辄止。自从接触并且使用 X 射线衍射仪器,对于 X 射线衍射技术的理解才逐渐加深。回国之后,开始接触和使用国产的 X 射线衍射仪器,也切身体会到我国在 X 射线衍射仪器方面的发展,令人鼓舞,也在无形之中激发出更多的求知热情。

成为一名教师之后,开始讲授 X 射线衍射技术,在教学中发现学生对于 X 射线衍射知识整体把握能力较弱,知识结构碎片化,对于 X 射线测试技术的实际掌握和应用能力明显不足,于是想通过本书引导学生尽快熟悉 X 射线衍射的测试技术,特别是面向轻工类的学生,简明扼要地指导他们进行数据测试以及对数据进行处理和分析,以获得对研究课题有益的信息,使得学生对于 X 射线衍射产生更浓厚的兴趣,进而进入一种良性循环。

目前市场上关于 X 射线衍射测试技术优秀的书籍较多,但是很多书籍内容庞杂,理论深奥,数学公式过多,使初学者很难抓住重点,容易半途而废。所以本书的思路是让学生在较短的时间里掌握 X 射线衍射的实用技能,让他们体会到这门表征技术的"魅力",进而产生更加浓厚的兴趣。知之者不如好之者,好之者不如乐之者,兴趣是最好的老师,在兴趣的指引下,学生将会对 X 射线衍射测试技术有更加深入的理解和感悟。

为此,我从 2020 年暑假开始,埋头于办公桌上,与酷暑相伴,将自己在讲课过程中的要点,提纲挈领,串于一线。这本书也是自己课余时间对备课内容的一个梳理与总结。本书写作的框架是先从整体介绍粉末 X 射线衍射仪的基本构造,从 X 射线衍射仪的用途出发,在 X 射线衍射仪所获得的高质量数据的基础上,对所涉及的 GSAS 精修知识进行拓展讲解。本书的核心目的旨在能够让学生掌握 X 射线衍射仪的实战能力和提高测试数据的处理能力,为他们铸就一把利剑,帮助他们从事科研活动的时候可以披荆斩棘。

本书主要面向研究生的"材料的现代分析技术"等课程的教学,也可以用于本科生的"材料分析测试方法"课程,作为学生课外进阶的补充内容。

限于作者的知识水平,本书在写作过程中出现的错误和疏漏,望读者批评指正,如发现任何问题,烦请读者联系作者,电子邮件:gewanyin@sust.edu.cn。

本书的写作过程中受到了很多的帮助和支持,在此表示衷心感谢。首先要感谢国际衍射数据中心(ICDD)中国区首席代表徐春华博士,无私地帮助笔者获得最新 ICDD 数据库的使用权限。其次,感谢丹东浩元仪器有限公司提供的帮助,本书中一些仪器示意图是以丹东浩元公司生产的粉末 X 射线衍射仪器为例。作者也特别感谢浙江大学的吕光烈教授和中南大学的黄继武教授,作者曾经有幸参加过他们的 X 射线衍射知识的培训班,一日为师,终生难忘。在写作过程中也获得了陕西科技大学研究生院和材料学院的大力支持,在此表示感谢。将此书献给智能材料与传感器的团队,感谢我的学生,特别是陆晨辉、罗梓力、张倩等同学在成稿过程中的协助。同时也感谢我的家人,一直是我写这本书的源泉与动力,感谢他们一如既往的付出和无微不至的关怀。最后感谢国家自然科学基金和陕西省教育厅新型智库项目(20JT008)的支持。

作　者
2023 年 4 月

目　录

中英文对照表

英文表述	中文翻译	简写
X-ray diffraction	X 射线衍射	XRD
Transmission Electron Microscope	透射电子显微镜	TEM
Powder X-ray diffraction	粉末 X 射线衍射	PXRD
Scanning Electron Microscope	扫描电子显微镜	SEM
Selected area electron diffraction	选区电子衍射	SAED
Electron Back Scatter Diffraction	背散射电子衍射	EBSD
Profile factor	峰形拟合因子	R_p
Weight profile factor	权重拟合因子	R_{wp}
Goodness of fit indicator	优度因子	Gof F 或 χ^2
Bragg factor	布拉格因子	R_B
General Structure Analysis System	综合结构分析系统	GSAS
Crystallographic Information File	晶体学信息文件	CIF
amorphous	玻璃态或无定形体	
Soller slits	索拉狭缝	
Moseley's law	莫塞莱定律	
Bragg's law	布拉格定律/布拉格方程	
Ewald's sphere	埃瓦尔德球体	
Scaling factor	标度因子	
Bragg-Brentano	布拉格-布伦塔诺	
Electron diffraction	电子衍射	

第1章 绪 论

1.1 材料学科研究的五要素

据目前的考古知识可知,人类文明大致经历了新石器时代、旧石器时代、陶器时代、青铜器时代和铁器时代。每个阶段文明的划分是以当时普遍使用的典型材料作为基本特征的,因此,从某种意义上讲,材料就是文明的载体。一部人类文明史实际上也是一部材料学科的发展史。当今正处在以硅半导体材料为代表的信息时代,材料学科也进入一个高速发展时期,各类新材料如雨后春笋,纷纷登上文明进程的大舞台,因此,从材料的角度而言信息时代也是新材料时代。

材料科学与工程专业的学生,在大学阶段就开始了解和学习材料学科相关的基础知识。在新材料时代,材料学科涉及的材料体系日益庞大,同时各体系之间相互交叉融合,如无机非金属材料、金属材料、高分子材料、复合材料等。删繁就简,材料科学与工程研究的对象——材料,总体上可以分为两大类,一类属于功能材料,另一类属于结构材料。功能材料指的是材料具有某种特定功能或用途。比如材料具有响应外界力、热、光、声、电、磁等刺激的性能,这些性能体现出材料的"有用性"。结构材料主要和材料的力学性能相关,具有优异的强度、韧性、硬度、塑性等,常常被用于结构件的制造,典型的代表是各种牌号的钢材与合金。无论是结构材料还是功能材料,材料学科主要研究的范畴涉及五个基本要素,也称为材料学科研究的五要素(有时也简化为四要素),如图 1-1 所示。

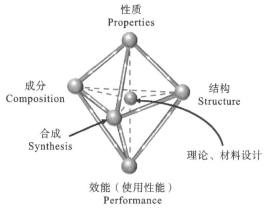

图 1-1 材料科学的五要素

　　材料学科研究的五要素:材料的成分(composition),即材料的元素组成或者化学组成;材料的合成工艺(synthesis),指的是从原料出发经过一定的物理过程或者化学过程,变为功能材料或者结构材料的工艺流程,也就是从原料→材料的"成材"过程;结构(structure)主要指的是材料的微观结构(晶体结构),即材料的微观排列方式,目前的表征技术可以在原子尺度观察材料的微观结构;材料的性质(properties),主要包括材料的物理性质和化学性质,即常说的材料的物性;材料的效能(performance),即材料的使用性能,是材料作为"有用性"方面的具体体现,也是科研工作者研发新材料的原动力。

　　上述的五要素属于材料学科的基础,同时也与新材料设计密切相关,它们构成了材料学科的基础框架。材料的基因工程涉及材料学科更本质的层面,作为研发新材料的理论基础正在发展成为一门新兴学科。材料学科可以有很多种分类方法,比如其中一种通常的分类是无机非金属材料、金属材料和有机材料三大类。无论材料学科的分支如何去划分,透过学科分支的本质依然可以凝练出它们的共同要素——材料科学的五要素。材料科学研究的五要素就如同一座桥梁,连接着材料学科各个重要模块,彼此连接,相互交融,对于材料科学五要素的理解决定了材料学科整体的发展水平。

1.2　微观结构——材料学科研究的核心之一

　　对材料科学基本的五要素而言,材料的结构是一个非常关键的方面。在材料学科的发展过程中,形成了一个共性的认识——"材料的结构决定了材料的性能",由此可见研究材料结构的重要性。碳材料就是一个典型的例子,碳元素是周期表的第六号元素,自然界可以普遍看到的一种碳材料是石墨,它具有片层状的结构,黝黑的颜色。由于石墨层与层之间是比较弱的范德华力,导致层与层之间容易产生滑移,成为优异的摩擦材料。如果将层状的石墨剥离到只有一层,就形成了石墨烯。石墨烯具有很高的电子迁移率,表现出类金属的物理行为。此外,碳原子在一些特殊的制备条件下,可以卷曲起来形成碳纳米管,且碳纳米管的电学性质和其结构排列方式密切相关。根据碳原子结构排列模式的不同,碳纳米管可以表现出半导体、导体、绝缘体等截然不同的物理性质。透明的金刚石是另一种典型的碳材料,四个相邻的碳原子形成正四面体,每一个碳原子都是 sp^3 轨道杂化,这种结构排列方式使得金刚石成为目前已知地球上最坚硬的天然物质之一。碳原子还可以排列成富勒烯 C_{60},它由两个为正五边形、20 个正六边形组成,如同一个足球构造,也称作足球烯。此外,具有新结构的碳材料也在不断地被发现和研究,如 C_{50}、C_{70}、碳纳米泡沫、直链乙炔碳等。由此可见,即使相同的碳原子,只要其排列方式发生变化,就会表现出截然不同的物理化学性质。由此可知材料的物理、化学、力学等性质与材料的排列结构具有密切的相关性。

　　通过以上的实例可知,研究材料的排列结构具有重要的科学意义和价值。那么材料的结构可以用哪些方法来进行表征和分析呢? 简单地说主要有两类方法。一类是"衍射"技术,典型的代表是 X 射线衍射(XRD)方法;一类是"显微"技术,典型的代表是透射电子显微镜(TEM)。两类方法各有特点,可以相互印证,各得其妙。TEM 分析表征技术可以让研究者直接观察到材料内部原子的排列结构。从这个意义上来讲,TEM 技术提供了晶体微观结构的直接证据,是一种非常适宜人类对晶体结构理解的直观方法,符合人类眼见为实的认知习惯。XRD 测试技术特别是粉末 XRD 技术,试样的制备过程简单,测试便捷,已经发展为一种最常用的结构分析表征方法。另外,XRD 设备的价格相比其他大型仪器(如 TEM)优势非常明显,因此,XRD 测试技术深受材料科研工作者的喜爱。

图 1-2 显示出 2012—2022 年,两大著名国际学术期刊(*Science* 和 *Nature*)上,XRD、TEM、SEM(扫描电子显微镜)三种常规表征手段在所发表论文中出现的频率。从图中可以看出,在这三种典型的表征手段中,XRD 的使用频率是最高的,也反映出 XRD 技术在材料研究中的重要作用和地位。

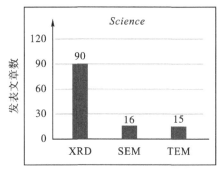 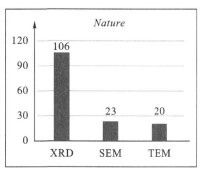

图 1-2　在 2012—2022 年两大国际著名期刊发表相关的论文数

1.3　粉末 X 射线衍射技术

X 射线衍射技术研究的对象主要是晶体材料,而晶体材料最大的特点是在微观结构上具有周期性。通过 XRD 技术不仅可以区分晶体材料和非晶材料;而且在研究晶体材料的时候,X 射线衍射技术可以提供晶体材料在结构方面丰富而重要的信息。X 射线衍射方法属于一种无损检测方式,不会对样品造成损害;在检测过程中也不会对样品造成污染,对于测试的环境要求也不高,不需要超高的真空度,这样就不需要考虑额外的真空设备和装置。另外,XRD 技术测试快捷,测量精度高。综合而言,XRD 表证技术是结构分析中一种性价比很高的研究方法,也是很多材料科学研究者特别倚重的一种测试表征方法。

X 射线衍射技术主要包含三种测试方法。其中利用单晶衍射作为研究对象的方法有两种。一种是单晶衍射法,用于确定晶体材料的晶体结构、空间点群、结构对称性、晶胞参数等各种重要的晶体学数据。另一种是单晶照相法,采用连续的 X 射线对晶体进行辐照,通过所得的衍射特征对于所照射的单晶的结构进行分析。第三种方法是粉末 X 射线衍射(PXRD)技术,即将研磨之后的粉末样品通过一个固定波长的 X 射线进行辐照,从而获得 X 射线与样品之间的衍射数据,然后通过对衍射数据进行分析,获得粉体的晶体结构参数。其中粉末 XRD 技术是目前使用最广泛的 X 射线衍射技术。本书主要讲述的是 PXRD 相关的分析方法。

X 射线衍射方法可以给出样品的结构信息,主要包括九个方面。

(1)物相检索和分析,即相结构分析(定性分析)。

(2)对于含有多种物相的混合样品,还可以提供各个物相的含量(定量分析)。

(3)对于具有取向性的样品,可以获得晶体取向的信息。

(4)可以进行结晶度的计算,衡量测试样品的结晶完整性。

(5)可以计算晶粒的尺寸,获得测试样品尺寸方面的相关信息。

(6)对于织构化的样品,还可以进行样品织构信息的分析和解析。

(7)通过衍射峰移动还可以获得试样的残余应力。

(8)对于具有薄膜形态的样品而言,可以调制成平行光路,利用平行光路附件进行薄膜的分析,在测试的过程中只提取薄膜材料的结构信息,而将衬底的信息屏蔽掉。

(9)可以通过 XRD 的结构精修,获得物相的晶胞参数、含量等最精确的晶体结构信息。

由于 XRD 技术在以上九个方面的突出能力,X 射线分析技术已经成为材料学科结构研究中最方便、最重要的分析手段,目前 XRD 受到材料科学工作者的大力推崇,在物理、生物材料、化学、医学、工程技术、地质、能源环境等学科也发挥着越来越重要的作用。近年来,随着我国 X 射线衍射仪器研发能力的进一步提高,越来越多的实验室开始购置和使用 XRD 设备,旧时王谢堂前燕,飞入寻常百姓家。相信 X 射线分析技术的发展也必然会进一步推动我国在材料研究领域的发展。

习题

1.材料学科研究的五要素都包括什么? 谈谈你对这五要素的理解。

2.材料是文明的标志,尝试列举一种材料进行说明。

3.名词解释:功能材料、结构材料。

4.粉末 X 射线衍射技术的优点都包括哪些方面?

5.粉末 X 射线衍射方法可以给出样品的结构方面哪些信息?

第2章 晶体和结构空间

2.1 物质及其结晶性

自然界的固体,从结构的有序和无序程度可以粗略地分为晶体和非晶体。晶体是众多的原子(离子)或者分子在空间的三维尺度上形成具有周期性排列的固体。三维空间的周期性排列是晶体最基本的特征,从几何对称性的角度而言,晶体不但具有长程有序性,而且也具有平移对称性。这两个基本性质衍生出了晶体一些重要的性质,包括各向异性、具有确定的熔点、与 X 射线和加速电子产生衍射现象(这一点非常重要,可以通过研究衍射效应进而研究测试样品的晶体结构)等。除了晶体材料之外,微观结构呈现短程有序排列的固体一般归属于非晶材料。这类材料的微观特点是其所包含众多的原子(离子)或者分子,在空间的三维尺度上既没有长程有序性,也没有平移对称性。在固体物理上这类材料也被称为玻璃态或无定形体(amorphous)。常见的非晶材料包括玻璃、塑料等。这类固体材料没有一个固定的熔点,它们的融化温度具有较宽的窗口(即玻璃化转变温度)。

此外,在晶体和非晶体之间还存在一类特殊的结构,称为准晶体或者拟晶体。准晶体具有类似于晶体结构的长程有序性,但是缺少晶体结构的平移对称性,特别值得一提的是,准晶体具有五次旋转对称轴,从而补充了晶体旋转对称轴的范围。由于准晶体在长程范围内原子的排列有序性,所以电子衍射图谱中准晶体也可以观察到衍射斑点。

粉末 XRD 技术主要的研究对象是晶体。从结构角度而言,所有的固体材料都可以分为晶体材料、非晶材料和准晶材料。从微观的角度而言,晶体是属于一种长程有序结构的固体材料。用晶体学或者固体物理学的视角看,就是在结构上具有"平移对称性"。自然界中常见的晶体包括水晶、钻石等具有规则形状的固体材料。这些有规则形状的外在表现实质上是微观结构的有序排列的一个体现。

2.2 晶体结构的研究思路与分类

对于晶体材料而言,其结构上具有"平移对称性"是其最显著的特征。所谓"平移对称性"指的是有一个最小的基本单元(也称为基元),这个基元在空间的三维方向上经过平移后可以和其他单元重合,换句话来讲,晶体结构实际上就是这个最小单元在三维方向上的无限堆积(见图 2-1)。从逻辑上讲,无限堆积的概念意味着实际的晶体应该是无限大的,然而,我们所见到的晶体实际上都不大。这样,有限的晶体尺寸和无限重复堆积的理论描述产生了逻辑矛盾。考虑到晶体结构的最小的基本单元是基元,其长度和晶胞尺寸处于同一个量级。假设实际晶体的体积为一个立方厘米,当最小的基元长度为一个纳米(10Å,埃)时,通过计算可以获得这个立方块晶体里包含着约 10^{21} 个基本单元。这个数目是异常庞大的,因此,从这个意义上来讲就可以将实体晶体按照无限重复的情况来处理。对于无限重复的情况,在数学上可以用一个周期函数来描述。这样处理问题就非常简洁,否则,仅仅要写出 10^{21} 个基本单元的坐标就变成一项几乎不可能完成的任务。

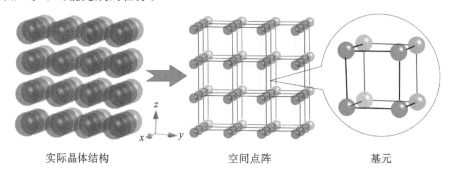

实际晶体结构　　　　　　　空间点阵　　　　　　　基元

图 2-1　实际晶体结构与空间点阵以及基元

从数学的角度可以将实际的晶体结构"简化"为空间点阵,需要注意的是这个简化过程并不是简单地对应。比如说对于 NaCl 晶体而言,其中既包含着钠原子也包含着氯原子,钠原子和氯原子是不一样的,从化学的角度来说它们属于不同的元素种类,具有较大的差别。而转变为空间点阵之后,空间点阵的每一个点称为格点,任意一个格点都应当是等效的或者说是等价的,换句话说每一个格点都应当是无差别的。因为只有这样,任意格点才可以用一个通用的公式来表示。所以,从实际的晶体结构"转化"为空间点阵的过程中,需要把实际晶体结构的某些原子团或者原子集合等效为一个格点。比如说对于 NaCl 晶体,可以把一个钠原子和一个氯原子"捆绑"起来看成一个格点。这样的话,"捆绑"起来的格点在三个维度的任何一个方向来看,它们都是无差别的。经过这样处理之后,NaCl 的空间点阵本质上是 NaCl 实际晶体结构的"等效转化"结构模型。这个过程类似于经过数学的抽象化后的简化模型。这样 NaCl 的空间点阵的每一个格点都是一样的,都具有相同的化学元素以及化学环境等。空间点阵的每一个格点可以代表实际晶体结构的一个原子或者一个原子簇集团。空间点阵通过格点在三维方向上周期性排列,就形成了晶体结构。而空间点阵中的任意一个格点(R)均可用一个周期性函数来表示,在空间点阵中选任意一个格点作为原点(见图 2-2),取空间中三个方向(比如 XYZ)的三个基本矢量 a、b、c,这三个基本单位矢量也叫作基矢,空间点阵中的任意一个格点(R)均可写成下列的表达式

$$R = n_1 a + n_2 b + n_3 c \qquad (2-1)$$

式中,n_1、n_2、n_3 是三个任意整数。

表达式(2-1)实际上是一个周期函数。既然 R 是任意一个格点,其他格点在数学上可以用一个周期函数来表达。通过一个周期函数就非常简便地表示出空间点阵的所有的格点,为后续进行其他运算和操作提供了极大方便。

同时从结构上而言,矢量 OR 也表示了这个空间点阵的晶体方向,简称为晶向。晶向的表

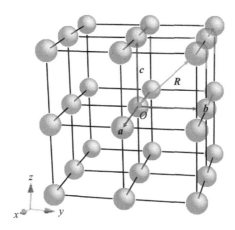

图 2-2　空间点阵和任意一个格点

示是用一个方括号里面写上格点 R 的坐标,比如[100]、[110]、[346]等不同的晶向,这样晶向就可以通过一个矢量来确定和描述。

　　晶体结构中另一个很重要的概念是晶面。由于晶面可以包含无穷多个经过这个平面的矢量,如果用经过这个晶面的矢量来表示就非常烦琐,而垂直于这个晶面的矢量是唯一的,于是在晶体学上就可以采用法向矢量来表示晶面。晶面的标记方法一般用米勒指数写在小括号里表示,如(110)、(110)、(346)等晶面。很显然,[110]晶向垂直于(110)晶面。晶面所采用的米勒指数具体做法是,以三个基本矢量 a、b、c 为坐标轴,如果某个晶面在这三个坐标轴上的截距为 a/h、b/k、c/l,这个晶面的米勒指数就可以用(hkl)来表示。

　　空间点阵可以和实际的晶体结构建立起一种映射关系,这种映射关系可以反映出实际晶体的结构以及对称性等信息。目前已知的晶体结构接近一百万种,通过晶体学的分类方法,可以将这些晶体结构归为七大晶系。它们分别为立方晶系(Cubic,晶族记号为 c)、六方晶系(Hexagonal,晶族记号为 hP)、四方晶系(也被称为正方晶系,Tetragonal,晶族记号为 t)、三方晶系(trigonal)、正交晶系(也被称为斜方晶系,Orthorhombic,晶族记号为 o)、单斜晶系(Monoclinic,晶族记号为 m)、三斜晶系(Triclinic,晶族记号为 a),它们的对称性从立方晶系到三斜晶系依次变低(见表 2-1)。

表 2-1　已知的 7 大晶系和 14 种布拉菲晶格点阵

晶系	晶胞基矢	简单(P)	体心(I)	底心(C)	面心(F)
立方 (Cubic)	$a=b=c$ $\alpha=\beta=\gamma=\dfrac{n}{2}$				
四方 (Tetragonal)	$a=b\neq c$ $\alpha=\beta=\gamma=\dfrac{n}{2}$				

晶系	晶胞基矢	简单(P)	体心(I)	底心(C)	面心(F)
三方 （Trigonal）	$a=b=c$ $\alpha=\beta=\gamma\neq\dfrac{n}{2}$				
六方 （Hexagonal）	$a=b\neq c$ $\alpha=\beta=\dfrac{n}{2}$ $\beta\neq\dfrac{2n}{3}$				
正交 (Orthorhombic)	$a\neq b\neq c$ $\alpha=\beta=\gamma=\dfrac{n}{2}$				
单斜 （Monoclinic）	$a\neq b\neq c$ $\alpha=\gamma=\dfrac{n}{2}$ $\beta\neq\dfrac{n}{2}$				
三斜 （Triclinic）	$a\neq b\neq c$ $\alpha\neq\beta\neq\gamma\neq\dfrac{n}{2}$				

1848 年，布拉菲（A. Bravais）通过数学分析方法证明七大晶系可以细分为 14 种空间点阵。鉴于布拉菲的学术贡献，有时候也把 14 种空间点阵称为布拉菲点阵。七大晶系中的立方晶系包括三种不同的空间点阵型式，分别是简单立方、体心立方和面心立方。四方晶系包含了两种空间点阵，分别是简单四方、体心四方。六方晶系和三方晶系分别包含一种点阵类型。正交晶系包括了四种空间点阵，分别是简单正交、体心正交、面心正交、底心正交。单斜晶系包含了两种空间点阵，分别是简单单斜、底心单斜。三斜晶系只包含了简单三斜点阵。

此外，空间群是晶胞的平移对称性、反射、旋转和反转旋转的点群对称操作，以及螺旋轴和滑行平面对称操作的某种组合。七大晶系以及 14 种空间点阵总共有 230 个不同的空间群描述了所有可能的晶体对称性特征。空间群的详细信息可以查阅《国际晶体学表》。

2.3　正空间和倒易空间

七大晶系的空间点阵一般称为"正格子"，其单位使用长度的标准单位米（m），空间点阵的尺度量级是纳米（1 nm＝10^{-9} m）。此外还有一种与正格子相应的倒格子，它是 X 射线经过格点的相干散射之后，所形成的也具有周期性的一种"波矢结构"（见图 2-3）。如果说正格子属于长度空间,那么倒格子就如同它在 X 光作用下的"散射空间",在物理上属于波矢空间,其单位是长度单位的倒数。正格子与倒格子一"实"一"虚",两者关系在数学上是一种傅里叶的变换。引入倒格子或者倒易空间,对解决 X 射线衍射问题可以提供极大方便。

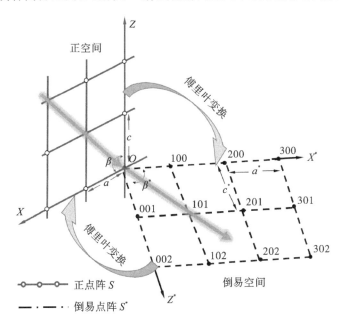

图 2-3　正格子和倒易空间

　　正格子和倒易空间有关的知识在《固体物理》教科书上都有完备的定义和详细的理论推导,在此就不再赘述了。

　　表征材料结构的方法从根本上来讲,其实归结于研究空间点阵的结构特征和对称性。从表征手段上来讲,最常用的仪器就是 X 射线衍射仪器。X 射线衍射仪器一般有三种基本的实验方法。对于单晶样品而言,通常采用单晶衍射仪,这种方法采用单色辐射 X 射线,通过单晶样品与回摆照相机之间的转动获得其空间点阵及其结构对称性,从而可以对晶体的结构进行精细解析,故而也称为转晶法。测量单晶样品可以把单晶样品固定,通过连续波长的 X 射线照射单晶样品,通过劳厄相机获得衍射斑点,从而获得单晶样品的结构信息,这种方法也称为劳厄法。对粉末样品而言,通常采用粉末衍射仪,其工作原理是利用单色 X 光源照射到粉末或者多晶样品上,通过解析衍射强度与衍射角度之间的关系从而获得粉末样品的结构信息,这一种方法又称为粉末法。需要注意的是单晶测定晶体结构的过程与粉末法测定晶体结构的步骤有很大不同。单晶测定晶体结构的过程首先需要培养合适尺寸的单晶样品,随后通过劳厄法或者转晶法获得单晶衍射数据,然后进行反射点指标化与数据还原校正等过程,最后进行结构解析和结构精修,从而获得与结构相关的各种信息。粉末法的主要过程是测试粉末样品获得衍射数据,对粉末衍射数据进行指标化,从而获得其空间群、结构因子等参数,进行结构解析和结构修正最终获得其精确的结构信息。粉末法是这三种衍射方法用得最多的,目前很多高校实验室配备的都是粉末 X 射线衍射仪器,本书的内容主要基于对于粉末 X 射线衍射仪器结构和功能以及测试数据的解析进行展开。

习　题

1.晶体具有哪些特征？列举你所知的一些晶体的实例。

2.什么是基元？什么是空间点阵？空间点阵和实际的晶体结构之间有什么相同点和不同点？

3.名词解释：晶向、晶面、晶面间距、倒易空间。

4.正格子和倒格子的区别与联系各是什么？

5.晶体结构可以分为几个晶系？可以分为多少种布拉菲点阵类型？

6.试述七个晶系以及每个晶系的特征。

7.简述 X 射线衍射仪器常采用的三种实验测试方法。

第3章　粉末 X 射线衍射仪的构造及基础知识

粉末 X 射线衍射方法是 1916 年由德拜(Debye)和谢乐(Scherrer)两人发明并且提出的一种测试方法。随着计算机技术的发展和软件处理数据能力的日新月异,粉末 X 射线衍射方法提取材料结构信息的能力越来越强大,已逐渐发展成为 X 射线衍射方法和技术中所占比重较大的测试方法。粉末 X 射线衍射方法样品制备简单、测试便捷、数据收集和处理快速,可以获得样品中物相的信息以及精细结构等信息;甚至可以原位地施加温度、压力、磁场等刺激,实时动态地获得样品的相变,局域结构等重要信息。粉末 X 射线衍射方法开拓了材料科学研究的深度和广度,是材料科学研究非常有用的工具,其影响力已经渗透到其他学科,在很多基础性学科的研究中发挥着巨大的作用和威力。

3.1　粉末 X 射线衍射仪的核心系统

粉末 X 射线衍射仪的核心部件主要包括三个系统,如图 3-1 所示。第一个系统是 X 射线管系统,主要用于产生测试用的 X 射线,其通过一个窗口(一般是铍窗口)将 X 射线引入测试光路中;第二个系统是探测系统,当 X 射线通过和粉末样品产生相互作用后,衍射信号被探

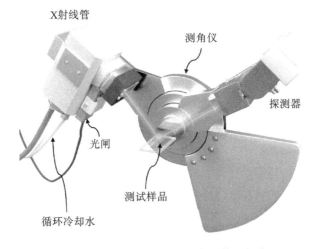

图 3-1　粉末 X 射线衍射仪的核心部分

测器接收,通过探测器转化,变为可识别和处理的信号。第三个核心系统是测角仪系统,这个系统主要作用是精确地标定 X 射线入射光入射方向与探测仪的接收角之间的定量关系。

X 射线管主要的作用是用来产生 X 射线。作为测试的实际考虑,对于产生的 X 射线需满足两个方面的要求。其中一个要求是它应该尽可能接近单色光,也就是说它的波长最好不要出现宽化,这就要求射线管所发射的 X 射线半峰宽越窄越好。另一方面,为了获得高质量的采集数据,需要 X 射线的能量(强度)尽可能高。但是实际上这两个方面均受到一定的限制。一般实验室所采用的 X 射线管所产生的 X 射线并不是严格意义的单色光,其产生的波长总是具有一定的宽度。另外,从实际情况而言,实验室的 X 射线管所产生的 X 射线,经过索拉狭缝(Soller slits)之后会成为一个线光源,而且这个线光源会随着测试角度的变化而有所变化。由于线光源具有一定的横截面积,一般测试的粉体的晶粒尺寸都比较小(约为微米级别),所以在测试的过程中,可以保障这个线光源所作用的体积区域里"照射"到足够多的小晶粒。

需要补充的是,还有一种比较特殊的 X 射线光源——同步辐射光源。同步辐射光源几乎可以认为是接近完美的光源,它所产生的 X 射线具有两个显著的特点,一个是它非常"亮",即能量密度高,其能量密度是实验室 X 射线的上亿倍;另一个是它非常"纯",可以认为是一种最接近于理论极限的单色光。我国上海同步辐射光源(SSRF),是目前国内最大的第三代同步辐射光源,通过申请并且获得批准之后可以获得测试的机会。除了特别指明外,本书主要涉及实验室 X 射线衍射仪所产生的 X 射线光源。

测角仪是粉末 X 射线衍射仪最为精密和精确的部分。它的主要功能是完成衍射角度的测量。测角仪主要由两个同心圆组成,在测试的时候,两个同心圆共同绕着圆心做圆周运动。测角仪监测入射光的角度以及探测光的角度,并将其结果实时动态地通过软件记录下来。测角仪记录的数据作为获得的 X 射线数据的横坐标。在一般情况下,测角仪衍射角度线性度小于 $0.02°$。从技术上来讲,测角仪角度测量系统采用的是伺服电机驱动联合光学编码技术,可以实现准确定位,不会因为仪器长期使用后,产生因机械磨损导致的测试精度下降等实际问题。为了获得高精度的实验测量数据,测角仪 θ 或 2θ 的重复性要小于 $0.0001°$,测角精度小于 $0.001°$,最小的步进角度可以达到 $0.0001°/\text{step}$(步长)。

探测器系统是 X 射线衍射仪器的另一个核心,该领域的技术保持着较快的发展速度,产品的更新换代比较迅速。到目前已经形成了一系列不同的技术和产品体系。常见的探测器主要包括正比或者闪烁探测器、硅漂移探测器(SDD)、高速一维半导体阵列探测器等。正比探测器由计数管、前置放大器和电缆组成。计数管利用入射的 X 光子与管内的惰性气体发生碰撞,惰性气体发生电离而产生电子和正离子,进而产生离子增殖现象,即气体放大。正比管在收集电子和阳离子过程中形成电流,产生电压脉冲信号,脉冲信号精度和电容输入到前置放大器。正比探测器可以在很宽的能量范围内测定入射粒子的能量,它的灵敏度较高,分辨时间短,能量分辨率较高。

近年来,高速阵列探测器等超能探测器也在崭露头角,它们不仅有很高的线形分辨率,而且探测速度可以提高 100 倍,由于具有高的检测灵敏度及更换方便等优点,将成为今后探测器市场发展的新宠。

为了提高衍射峰与背底的比值以及对微量物相的鉴别能力,探测器一般采用石墨单色器,它是一种高度定向的高纯石墨单晶(石墨弯晶或者平晶),安置在探测器之前。通过石墨单色器之后,可以使得接收狭缝之后的 X 射线"色度"变得更纯,即可以基本上消除连续 X 射线,同

时可以有效地滤掉 K_β 系的特征 X 射线,获得比较"纯的" K_α 系。

粉末 X 射线衍射测试过程就是 X 射线光管和探测器同时围绕它们的圆心做圆周运动,两者的速度可以分别通过伺服电机精确控制,采用光学编码技术控制测角仪转动,目前很多测角仪具有自动消空程和角度校正功能。测角仪的圆心处就是粉末样品放置的地方。测试之后,可以将测角仪记录的衍射角作为横坐标,探测器计数的数值作为强度,将两者测试数据作图就可以获得衍射谱图(见图 3 - 2),样品所包含的结构信息就是通过衍射谱图所获得的。

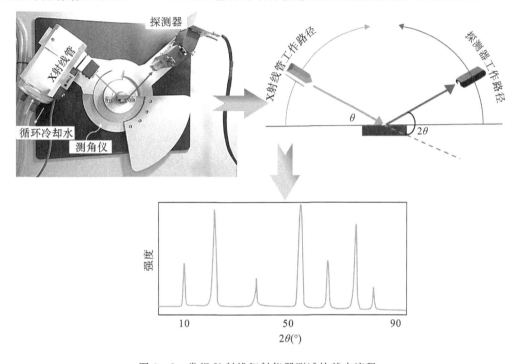

图 3 - 2　常规 X 射线衍射仪器测试的基本流程

粉末 X 射线衍射仪是个非常复杂的测试系统,除了上述三个核心系统之外,还有一些辅助系统,比如冷却循环水系统、控制操作系统、测试数据记录和处理系统、报警系统等,粉末 X 射线衍射仪被认为是一种实验室高精密仪器。

此外,有些粉末 X 射线衍射仪也设计了一些扩展功能,可以实现附件安装和使用,可以做到即插即用,满足特殊测量的需求。在测角仪上安装多功能样品架可以进行织构、宏观应力、薄膜面内等测试与分析。例如多功能样品架用于织构样品测量,可以获得样品的极图、反极图等信息。此外,使用变温附件,其测试温度可以在室温至 1600℃ 的范围内精确控制,用于研究样品在不同温度条件下的结构变化,特别适合原位加热条件下的测试分析,对于分析试样的相变行为以及晶胞结构变化具有重要的意义。

3.2　和 X 射线相关的物理知识

X 射线是 1895 年德国物理学家伦琴(Wilhelm Konrad Rontgen,1845—1923 年)发现的。X 射线最显著的特点有两个,一是它是一种肉眼看不见的射线;二是它的穿透能力非常强。肉眼看不见是源于它的波长比紫外光(紫外光是人类肉眼所能见到的短波长的极限,其颜色接近于紫色)更短。由于它的波长很短,从量子力学的角度而言其光子能量就很高,这就意味着 X 射线是一种辐射能力很强的肉眼不可见的射线。在实际应用方面,X 射线管产生的 X 射线通过一个铍窗口引入测试光路中,而且在铍窗口前端有一个光闸控制着 X 射线的开启和关闭。采用铍窗的原因是铍是最轻的金属元素,它对 X 射线的吸收最小,可以最大限度保证射出的 X 射线能量,以便获得比较高的信号强度。

产生 X 射线必须具备三个条件:(1)要有自由电子,常规的做法就是通过加热金属钨灯丝产生自由电子;(2)让这些自由电子产生很大的动能,这就需要通过一个非常大的电场对其进行加速,一般所需的电压要数万伏;(3)加速的电子撞击某一种高纯金属表面,被撞击的金属就会产生 X 射线。由于这个过程就如同用枪或者箭击打靶子一样,通常把这个高纯金属叫作靶材。为了让自由电子产生很大的动能,就需要在自由电子和靶材之间施加很高的电场强度,一般通过高压装置来实现,如图 3-3 所示。目前常采用高频高压发生器,可以提高衍射仪测量结果的稳定性。一般的 X 射线衍射仪所使用的高压范围为 10 kV~60 kV,测试样品时,工作的管电压约 40 kV。当高速运动的自由电子与靶材碰撞会被突然减速或停止运动,它们大部分动能(99%)将转化为热使阳极金属靶材的温度升高,大约只有 1% 的动能转变成为 X 射线,这就导致 X 射线管在工作的时候,金属靶材被 X 射线轰击的地方温度特别高,轰击的区域面积约为 1 mm×10 mm。在高速电子长时间轰击的区域金属靶材可能熔化,因此需要用循环冷却水进行降温处理。也有些功率极高的金属靶通过采用旋转的方式,使得高速电子轰击的区域不是固定在某一个点上而是在一个圆环面上。目前市面上常见的射线管主要有金属陶瓷 X 射线管、波纹陶瓷管、密封玻璃管等。金属陶瓷 X 射线管的运行功率高,散热性好,使用寿命长,目前国内很多 X 射线仪器生产厂家都采用金属陶瓷 X 射线管。

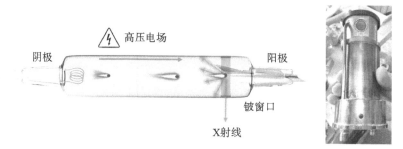

图 3-3 实验室采用的 X 射线管的工作原理以及实物图

XRD 仪器的功率越大,所测试的数据强度就越高。大功率 X 射线管是 X 射线衍射仪的一个发展方向,在技术上需要解决 X 射线管散热问题,这样才能使其功率变得更大。目前,普通型 X 射线管的功率是 1 kW~2 kW,采用旋转阳极靶技术,其功率可以大幅度提高数十倍。笔者实验室所服役的 X 射线管功率是 1.2 kW(加速电压是 30 kV,管电流 40 mA)。虽然大多数情况下普通型 X 射线衍射仪可以满足需要,但是为了提高测试结果的精度,大功率 X 射线发生器受到越来越多的关注。大功率 X 射线发生器有两个非常明显的优势:

(1)当样品量特别少时,普通型 X 射线衍射仪因功率小射线强度低,很难获得理想的结果,而大功率 XRD 提供一种较好的解决方案。

(2)对于样品中微量物相的分析,特别是做掺杂改性的情况下,由于掺入的量很少,用普通功率衍射仪器测试结果不理想。

近年来,发展出液态金属射流光源技术。采用富含镓(Ga)的合金或富含铟(In)的合金靶材,由于这些合金靶材在室温附近就已经熔化,而且靶材本身可以不断再生,液态靶材以接近极高的速度(约 100 m/s)在腔体内循环,由于阳极液态靶材不断地再生,电子束对靶材的损坏变得微乎其微,这样就能够在微米级的焦斑上实现高亮度的目的,能够实现在相同焦斑面积上10 倍于普通阳极靶发射的 X 射线通量。

当高速粒子轰击金属靶材的时候,往往会产生两种 X 射线。一种是连续 X 射线,一种是特征 X 射线(有时也称为标识 X 射线)。对于连续 X 射线而言,X 射线管发出的 X 射线的波长在一个范围内是连续的,其强度呈现出抛物线的特征。在不同的加速电压下,抛物线的形状类似,抛物线的最高点随着加速电压的升高而变大。在短波方向有一个波长极限称为短波限,短波限随着加速电压的升高而变短,意味着光子的能量变高。连续 X 射线源于单位时间内加速电子轰击阳极靶材的多次碰撞,这些碰撞过程服从物理统计规律。大量的加速电子经历多次碰撞从而产生各种能量不同的辐射,这些不同能量的辐射包含了各种波长不同的光子,呈现出抛物线的形状。连续 X 射线总强度与灯丝电流、阳极靶材的原子序数,以及两极间的加速电压有关。这种连续 X 射线实际上是没有贡献的,相反在粉末 X 射线衍射的测试中还会产生干扰,成为背景噪声。

特征 X 射线在进行粉末 X 射线衍射的测试中最为需要。当加速电压超过某一个临界值时,阳极靶产生的连续 X 射线会出现强度很高、波长范围很窄的尖锐谱线,这种尖锐谱线就是特征 X 射线。特征 X 射线的强度与加速电压的指数呈现正比的关系。当加速电压超过某个临界值的时候,就足以激发出特征 X 射线。通常把这个临界值叫作临界电压,这时候继续增大加速电压,特征 X 射线的强度也随之增加,但是其波长保持不变。这一特征很重要,因为它可以满足测试所需要的波长固定的要求,所以特征 X 射线是被用来作为晶体结构分析的激发源。不论加速电压是否超越临界电压,连续 X 射线总是从阳极金属靶材产生的,从表征技术应用的角度而言,连续 X 射线最终表现为测试数据的背底成为噪声信号,进而影响实验结果。实际操作中采用的策略就是当工作电压为临界电压的 3～5 倍时,可以获得综合最优的峰背值,从而使得测试结果达到较好的效果。

特征 X 射线还与阳极靶材的原子序数有密切关系。实验室所采用的阳极靶材通常有铬、铁、钴、镍、铜、钼、银等。以最常见的铜靶为例,它的临界电压是 8.86 kV,实验室常采用的工作电压大约 40 kV。特征 X 射线实质上反映了阳极靶材元素的原子结构,也从另一个角度体现出了原子结构的不连续性、量子化等特征。特征 X 射线和原子序数之间具有非常确定的关系。英国物理学家亨利·莫塞莱(Henry Moseley)研究并确定了原子发射的特征 X 射线波长和原子序数之间的量化关系,通常也称为莫塞莱定律(Moseley's law)。莫塞莱定律具有两个方面的应用:

(1)莫塞莱定律指出了每一个元素具有自身确定的特征 X 射线波长数值,从这个角度而言特征 X 射线就是原子序数的"指纹"。

(2)可以通过特征 X 射线的分析从而追溯到元素的种类,这也是元素分析(成分分析)的理论基础。

根据原子结构内部的电子跃迁机制,某一种确定的阳极金属元素所激发的特征 X 射线依次可以分为 K、L、M、N 等多组谱系。但是在这些特征 X 射线谱系中,一般只有 K 系谱线用于

X 射线衍射。因为其他波长较长的 L、M、N 等谱系跃迁的概率比 K 系谱要小得多,加上波长较长的其他谱线吸收系数大,导致它们的强度要弱得多。由于 K_α 射线是 L 壳层电子跃迁到 K 壳层产生的 X 射线,其跃迁的概率大约是 M 壳层电子跃迁到 K 壳层的 5 倍,所以 K_α 射线强度是最高的,因此很多情况下在 XRD 测试中都选用 K_α 射线。

3.3　劳厄的单晶衍射实验以及 X 射线的本质

在伦琴发现 X 射线,并且成为第一个获得诺贝尔物理学奖的科学家之后。当时有困扰物理学界的两大问题,问题之一是 X 射线本质到底是什么? 它是否如同可见光一样,是属于电磁波的不同波段呢? 如果它也是电磁波的一种,那么它应该表现出相应的波的行为,比如可以出现干涉、衍射等物理特征,但是,如何通过实验去验证这些假设是当时面临的问题。此外,晶体的微观结构是否如人们猜想的那样是一种非常规则的排列,这是当时面临的第二个问题。对于晶体微观排列,在当时是无法提供直接的科学依据的,直到后来透射电子显微镜(TEM)的发明,才使得人们可以直接观察到原子形貌,获得了晶体是原子有规律地排列的直接证据。由于 X 射线是看不见的,所以就增加了研究其物理本质的难度。尽管伦琴发现了 X 射线,也曾努力寻找 X 射线的干涉或衍射现象,但受到当时"以太"学说的影响,伦琴还是错失了对 X 射线本质的进一步研究和探索。随后,劳厄(Max von Laue)使用 X 射线照射晶体,发现并且获得了有规律且规则的衍射斑点,这种有规律的衍射斑点是晶体微观结构有序性的一种体现,这是人类通过衍射现象获得了晶体长程有序的有力证据。

从物理知识可知,要证明一个波的波动性,可以让这束波穿过一个狭缝产生衍射现象。在实验中,狭缝充当的角色就如同光栅,当实验的波长变得越短,这个光栅的宽度就越小。如果要使得 X 射线发生衍射,那么这个光栅的宽度应该和 X 射线波长处在同一个数量级,即埃的量级(1 Å＝0.1 nm)。我们知道制作光栅是一个微细加工技术,即使现在用最好的光刻机也无法制备出 0.1 nm 左右的光栅。这样,如果通过微型加工技术去研究证明 X 射线的波动性在技术方面就陷入了僵局。在 1912 年,德国的物理学家劳厄提出了一个非常具有创造性的研究思路:如果使用短波长的波穿过晶体会产生什么样的现象呢? 而假如这个波长很短的波是 X 射线又会发生什么呢?

劳厄把单晶体看成天然形成的光栅,这样晶体的结构实际上就转化为栅状晶格。由于晶体的晶胞常数恰好是在埃(Å)的量级,当 X 射线通过单晶体的时候就可以观察到衍射现象。劳厄的衍射实验将 X 射线的波动性质和晶体的空间点阵两个看似毫不相干的东西联系在一起。同时,劳厄实验的结果非常有趣,单晶体通过 X 射线的照射之后,出现了排列有序的斑点,后人为了纪念劳厄在这一方面的贡献,也将这种有序衍射斑点称之为劳厄斑。

通过这个劳厄斑,可以验证 X 射线的波动性,这解决了 X 射线本质的问题;与此同时,有序和规则排列的劳厄斑正是晶体结构的空间点阵的具体体现。劳厄 X 射线衍射实验是人类历史上为数不多的经典实验之一,他通过一个实验验证了两大困扰物理界的基本问题,既验证了 X 射线电磁波的特性,也同时验证了晶体是由周期性原子阵列构成的(见图 3-4),这个实验也受到爱因斯坦高度的赞扬,称之为现代物理学最漂亮的实验之一。

晶体会产生独特的 X 射线衍射图样,这引起了更多科学家的强烈兴趣,于是 X 射线衍射理论和技术逐渐发展起来。如何在衍射现象与晶体结构之间建立定性和定量的关系成为 X

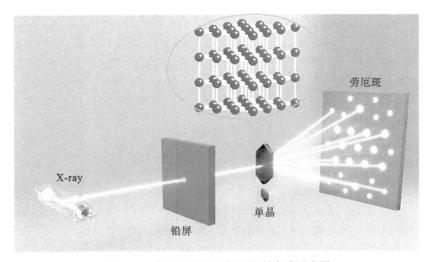

图 3-4　劳厄的单晶 X 射线衍射实验示意图

射线衍射理论最为关心的研究方向。

　　在最简单的情况下,一组平面经过 X 射线衍射会出现一个单衍射点,当一个晶体包含一个平行晶面,当这两组平面满足衍射条件的时候,会出现如图 3-5 所示的两个衍射点。当情况稍微复杂一些,对于三个有近似晶向的晶体,会产生几个不同的位置衍射点;随着晶体数量的增加,光斑的分布也随之增加,衍射角 2θ 的值也随之增加,由于众多晶体具有各种可能的取向,所以形成了不同 2θ 值的圆环。

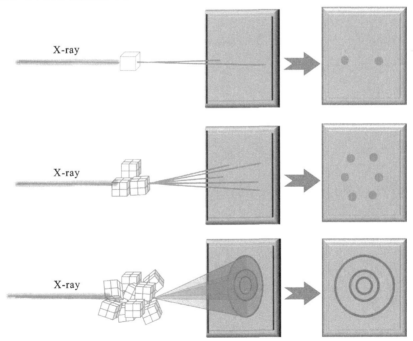

图 3-5　晶体在 X 射线下的衍射情况

　　随着对于晶体在 X 射线下的衍射研究的深入,布拉格父子于 1914 年发现通过衍射图可以测定晶体中原子的位置,由此拉开了通过 X 射线测定晶体结构的历史序幕。在解释粉末 X 射线衍射结果的过程中,出现了两个重要的研究成果,一个是关于 X 射线的方向性问题的研究,另一个是关于 X 射线衍射强度的理论。这两个方面的研究成果对于解读粉末 X 射线衍射实验数据具有重要的理论指导意义,也是深入理解 X 射线衍射技术的理论基础。

习　题

1. 粉末 X 射线衍射仪的核心系统包括哪些?每个系统的功能是什么?

2. 同步辐射光源有什么特点?

3. 名词解释:X 射线、特征 X 射线、连续 X 射线、阳极靶。

4. 测试获得的 X 射线衍射谱包括哪些数据?

5. 产生 X 射线必须具备哪些条件?

6. 什么是液态金属射流光源技术?具有什么优点?

7. 什么是莫塞莱定律?莫塞莱定律有哪些应用?

8. 劳厄的单晶衍射实验内容是什么?创新之处在哪儿?具有哪些重要意义?

9. X 射线本质是什么?

10. 晶体在 X 射线下的衍射有哪些可能的情况?

第 4 章　晶体与 X 射线的关系

4.1　X 射线在周期性结构中的衍射

通过前面的知识可知,劳厄的单晶 X 射线衍射实验已经证明 X 射线是一种电磁波,具有波的属性。根据波动物理,当 X 射线入射到晶体中时,晶体中的每一个原子都会对它产生散射,其散射波就如同是从原子中心发出一样。因此被 X 光"照射"的晶体,其每一个原子中心发出的散射波就如同一个球面波,这些球面波之间也会产生相互作用。由于晶体是具有规则排列的周期性结构,所以原子反射球面波之间存在着固定的相位关系,从而会在三维空间上产生一种物理图景,即干涉现象。干涉现象就是在某些散射方向上的球面波相互加强,导致探测器获得了较高的信号(强的衍射强度),而在有些空间方向上球面波相互抵消,信号融于背景噪声中。如果对这些衍射过程进行胶片曝光,在特定的方向上会出现散射加强,可以观测到衍射斑点,而在其余方向上则无衍射斑点。

当晶体中各个原子对于 X 射线产生的散射波长不变,称为相干散射过程,相干散射是 X 射线衍射分析的基础。X 射线在晶体中的衍射现象,实质上是大量具有规则排列的原子散射波互相干涉的结果体现。晶体所产生的衍射花样反映了晶体内部的原子结构排列分布的规律。概括地讲,X 射线衍射谱图包含两个方面的内容:

(1)从衍射几何的角度看,它是衍射线在空间的分布规律,衍射线的分布规律由晶胞的大小、结构和位相决定,这也是 X 射线衍射的方向性。

(2)从谱图强弱的角度看,它是衍射线束的强度,衍射线的强度取决于原子的种类和它们在晶胞中的位置。

最早关注且解决 X 射线衍射方向性问题的是布拉格父子,他们也因为完美地解决了这一问题而获得了 1915 年的诺贝尔物理学奖。当进入到晶体的 X 射线波长与原子晶格的长度大致相当时,如 $\lambda < 2d$(d 为某个晶面族的面间距),就会产生布拉格衍射现象。这时入射波长会被原子镜面散射出去,当被不同原子镜面反射出去的波进行干涉时,就会产生非常高的衍射强度。

假如有两列平行的 X 射线,射线 1 和射线 2,它们的波长相等。这两列平行的 X 射线被相邻的两个原子晶面所散射,所散射的光进入到探测器。假设射线 1 与原子晶面所形成的夹角角度为 θ,由于满足相干散射条件,则这两列射线的反射方向与原子晶面的夹角角度也为 θ。相邻的两个原子晶面的距离是 d,则在整个过程中会发现射线 1 和射线 2 之间的光程差为 $BA + AC$ 之间的距离。从图 4-1 可以知道,BA 和 AC 的距离相等,由于 $BA = d \cdot \sin\theta$,则

$BA+AC$ 为 $2d \cdot \sin\theta$。

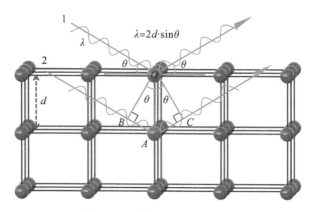

图 4-1 布拉格定律示意图

根据波动物理知识,当两列平行光的光程差是其波长的整数倍时,就会产生散射加强。

$$2d \cdot \sin\theta = n\lambda, n = 1, 2, \cdots \tag{4-1}$$

方程(4-1)叫作布拉格方程(Bragg's law),这个方程在 X 射线衍射历史上非常关键。布拉格方程不仅具有一种简洁的美感,而且它是晶体衍射的理论基础,也是衍射分析中最重要的基础公式。布拉格方程可以提供重要信息包括两个方面:

(1)可以用已知波长的 X 射线去照射未知结构的晶体,通过精确地测量衍射角的数值,从而得到晶体中各晶面的间距 d(方便起见标记为 d_{hkl}),当某一族晶面的面间距可以和晶胞参数的某个晶面相平行,这样就可以计算出晶胞参数,从而揭示晶体的结构,这个过程也称作晶体结构分析。

(2)采用已知晶体结构的晶体和不同波长 X 射线相互作用,通过测量衍射角 θ 求得 X 射线的波长及波谱,由此而发展成为 X 射线光谱学。这种方法不仅可进行光谱结构的研究,也可以从 X 射线光谱来确定试样中的元素组成。

需要指出的是 X 射线的原子面反射和可见光的镜面反射不同。可见光仅在表面反射,X 射线由于其很深的穿透深度,在晶体表面与内部都可以反射。一束可见光能够以任意角度投射到镜面上产生反射,而原子面对 X 射线的反射并不是任意的,只有当 θ、λ、d 三者之间满足布拉格方程时才能发生反射,所以把 X 射线这种反射称为选择反射。可见光在镜面的反射接近 100%,X 射线的反射则很弱。对衍射而言,在可观测的衍射角下产生衍射的条件为 $\lambda < 2d$,这也就是说,能够被晶体衍射的电磁波的波长应该小于参加反射的晶面中最大面间距的 2 倍,否则不能产生衍射现象,这也被称为产生衍射的极限条件。根据式(4-1)可以推导出衍射的角度 θ:

$$\theta = \arcsin \frac{\lambda}{2d} \tag{4-2}$$

根据式(4-2),对于某一个确定波长的 X 射线,比如铜靶的 $K_{\alpha 1}$ 所产生的 X 射线,其数值等于 1.5406 Å,通过测角仪测出 θ 数值,就可以获得不同结晶晶面的面间距 d_{hkl}。由于晶面间距 d 是和晶体结构相关的参数,例如,对于立方结构的晶体而言,晶面间距 d_{hkl} 的表达式如下:

$$d_{hkl} = \frac{a}{\sqrt{h^2 + k^2 + l^2}} \tag{4-3}$$

式中,a 为立方结构的晶胞参数。

因此,通过测角仪测出 θ 数值可以获得测试样品的晶胞参数,进而也就能得到晶体结构的信息。此外,在波长一定的情况下(Cu 靶,1.5406 Å),衍射线的方向(θ_{hkl})是晶面间距 d_{hkl} 的函数。由此可见,布拉格方程可以反映出晶体结构中晶胞大小及形状的变化。需要指出的是布拉格方程并未反映出晶胞中原子的品种和位置,换句话讲,布拉格方程只能确定结构而无法确定元素种类。

4.2　倒易空间中的埃瓦尔德球

由于晶体中晶面方位、面间距(d)的不同,当 X 射线沿某一个角度入射时,可能同时存在若干束衍射线满足布拉格方程,为了使得衍射的问题变得易于处理,1931 年由 P. P. Ewald 提出埃瓦尔德球体的概念(Ewald's sphere),有时候也称作埃瓦尔德衍射球(Ewald's diffraction sphere)。在倒易空间中把衍射方向通过作埃瓦尔德球体表示出来,可以非常方便地解决晶体结构衍射的方向性问题。

埃瓦尔德球体的几何关系是在倒易空间中构建的,埃瓦尔德球体的半径为 $1/\lambda$,其中 λ 是实验所采用的 X 射线的波长,如图 4-2 所示。如果 O 是(0 0 0)倒格子的原点,B 是任意倒易点($h\,k\,l$),当倒易点刚好和埃瓦尔德球体相交,那么距离 OB 是 $1/d_{hkl}$(在倒易空间中,倒易矢量可以很容易计算出两个晶面的面间距,可以用 $\boldsymbol{S}_{hkl}$ 表示)。向量 $\boldsymbol{S}_{hkl}$ 的大小随着 2θ 的增加而增加,因此 $\sin\theta$ 的函数表达式为(OB/埃瓦尔德球体的直径):

$$\sin\theta = \frac{\dfrac{1}{d_{hkl}}}{\dfrac{2}{\lambda}} \qquad\qquad (4-4)$$

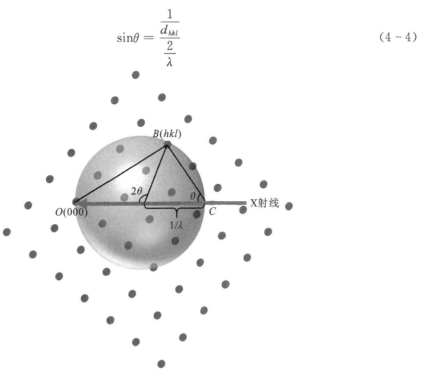

图 4-2　埃瓦尔德球在倒易空间中的几何关系

式(4-4)经过化简就变为 $\lambda = 2d_{hkl}\sin\theta$，很显然，式(4-4)的本质和布拉格方程(4-1)是一样的，埃瓦尔德球提供了一种布拉格方程图形化解决工具。

埃瓦尔德球在三维中，代表了所有产生衍射的可能性。在二维情况下，埃瓦尔德球在倒易空间中表示平面(反射)中可以满足布拉格方程的所有可能点。当埃瓦尔德球不动，围绕原点转动倒易空间，接触到埃瓦尔德球的倒易点代表晶面均产生衍射，如图4-3所示的二维情况。

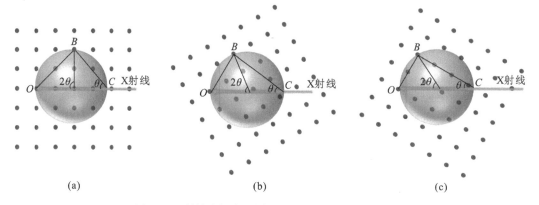

图 4-3 倒易空间中不同晶面在埃瓦尔德球的相交点

由此可见当 X 射线的波长确定时，埃瓦尔德球的大小和范围也就确定。所有经过埃瓦尔德球的倒易点，在正空间代表着一组晶面，刚好可以满足布拉格方程所需要的选择反射条件。图4-3给出了二维的倒易空间的不同晶面与埃瓦尔德球的相交点，通过埃瓦尔德球和倒易点阵之间的几何关系就可以很直观地获得衍射的方向以及满足布拉格方程的晶面。

4.3 粉末 X 射线衍射强度

在测试粉末晶体样品时，实验室所用的 X 射线并不是真正意义上的单色光，它有一定的线宽和强度，这时候 X 射线和粉末晶体进行相互作用，衍射作用的区域具有一定的体积范围。在这个具有一定体积的光作用范围内，所包含的粉末晶体数目很多，而这些数目众多的小晶体晶面取向是随机和杂乱无章的(具有织构化的样品除外)。布拉格公式提供了研究晶面衍射方向的理论。根据上节的分析可以知道，当满足布拉格衍射公式条件时，就可以获得某一个晶面的衍射强度。这也就意味着对于数目众多的小晶体样品而言，测试的结果应该有很多衍射晶面出现。但在实际的情况中，对某一粉末样品而言，测试结果显示样品的衍射峰出现的数目往往是有限的。所以说布拉格衍射公式只是说明了每个晶面衍射出现的可能性，而在最终的测试结果中这个晶面衍射是否出现，还受其他因素的影响。粉末 X 射线衍射强度理论对于分析 X 射线衍射的数据具有重要作用，它阐明了某一个晶体衍射峰是否出现及其强弱等问题。

当 X 射线被一个原子散射时，除了与核外的电子相互作用之外，也和原子核具有散射作用。首先考虑 X 射线和电子的相互作用，汤姆逊公式描述了一个电子对 X 射线的散射：

$$I_\mathrm{P} = I_0\,\frac{e^4}{m^2c^4}\,\frac{1+\cos^2 2\theta}{2} \tag{4-5}$$

式中，e 是电子的电量；m 是电子的质量；c 是光速；I_0 是 X 射线的初始强度。

可以将前面的 $I_0 \dfrac{e^4}{m^2 c^4}$ 看成一个常数 A。这样公(4-5)化简为

$$I_{\mathrm{P}} = A \frac{1 + \cos^2 2\theta}{2} \tag{4-6}$$

当 2θ 取之为 $k\pi$ 时(k 为整数),$I_{\mathrm{P}}=A$;当 2θ 取 $k\pi/2$ 时,$I_{\mathrm{P}}=A/2$;根据汤姆逊公式可以知道一束 X 射线光经过一个电子的散射之后,其散射强度在各个方向产生了不同,意味着散射强度变成了和角度 θ 有关的物理量,产生了偏振化,所以也把 $\dfrac{1+\cos^2 2\theta}{2}$ 称为偏正因子。

进一步考虑,当一束 X 射线光照射到原子时,除了与核外电子产生相互散射之外,同时也与原子核产生相互作用。由于原子核中的一个质子的质量是一个电子质量的 1836 倍,根据式(4-5)可以知道,质子对于 X 射线的散射强度远远小于电子的散射强度。由于原子核与电子对于 X 射线散射数量的较大差异,故而可以把原子核对 X 射线的散射忽略掉,晶体中散射的基本单元变成电子,这样问题就大大地简化了。原子对于 X 射线的散射作用就可以转化为这个原子所包含的所有核外电子对于 X 射线的散射作用。

当从一个电子的问题变为多电子问题时,不同位置的电子散射波之间存在着周相差,从数学的角度看,这是一类多体问题。在数学上多电子问题处理起来很棘手。为了使得处理问题变得简单明了,引入原子散射因子 f。原子散射因子 f 定义为一个原子散射的相干散射波振幅与一个电子的相干散射波振幅的比值,换句话就是说把电子的相干散射波振幅作为一个标准,用于衡量某个原子相干散射波振幅。每一个元素的原子散射因子都可以通过原子散射因子表格查询。需要指出的是,散射的过程往往包含着两个部分,一个是相干散射,另一个是非相干散射。其中相干散射产生了布拉格衍射,而非相干散射往往导致衍射谱的背景。

在此基础上,可以考虑单胞对 X 射线的散射问题。在最简单的情况下,如果一个单胞只含一个有效原子,如上所述,问题就可以通过原子的散射强度进行处理。晶胞中的原子排列具有周期性,是在三维方向的重复,这些晶胞中的原子在数学上都可以用周期函数来表示。对于更复杂的情况而言,一个单胞包括多个原子,而且每个原子的位置都不相同,这个时候他们的散射振幅和散射相位是不同的,所以就不能只做简单的相加处理了。为了方便解决问题,引入了结构因子 F_{HKL}。F_{HKL} 表示单胞相干散射振幅与一个电子相干散射振幅比值。对于 n 个原子的情况,结构因子可以写成下面的形式:

$$F_{HKL} = \frac{A_b}{A_e} = \sum_{j=1}^{n} f_j \mathrm{e}^{2\pi \mathrm{i}(Hx_j + Ky_j + Lz_j)} \tag{4-7}$$

根据欧拉公式可以将上面的公式可以化简为等效的三角函数形式。

$$F_{HKL} = \sum_{j=1}^{n} f_j \left[\cos 2\pi (Hx_j + Ky_j + Lz_j) + \mathrm{i} \cdot \sin 2\pi (Hx_j + Ky_j + Lz_j) \right] \tag{4-8}$$

某个格点在原胞中的位置坐标是 HKL,它和原点(0 0 0)连起来,其实就是晶向 $[HKL]$。从式(4-8)可以知道,衍射强度与原子晶胞的种类、数目,以及原子的具体位置具有密切的关系。因此,结构因子是可以定量表征原子排布以及原子种类对衍射强度影响规律的参数,体现出晶体结构对衍射强度的影响大小。

对某一种物相的某一个衍射晶面(HKL)而言,其衍射强度正比于结构因子 F_{HKL} 模的平方:

$$I \propto \left| F_{HKL} \right|^2 \tag{4-9}$$

当结构因子 F_{HKL} 模的平方等于零时,衍射线消失,表明晶面(HKL)不会产生衍射。当结构因子 F_{HKL} 模的平方不为零时,表明晶面(HKL)会产生衍射,测试的时候衍射线不会消失。由此可知,结构因子 F_{HKL} 模的平方决定了晶胞的衍射能力,不仅决定了衍射线是否存在,还影响其强度大小。从测试的角度而言,最终能否观察到多晶粉末样品在某个晶面(HKL)的衍射峰,除了满足布拉格衍射的条件之外,还和其结构因子有密切的关系。

对于一个完美的晶体而言,某一个衍射晶面(HKL)峰强度在 X 射线作用下,产生的衍射强度为

$$I_{HKL} = I_0 \left(\frac{1}{R^2} \frac{e^4}{m^2 C^4} \right) \left(\frac{1 + \cos^2 2\theta}{2} \right) N^2 \mid F_{HKL} \mid^2 \qquad (4-10)$$

然而实际晶体并不完美,总是存在缺陷。实际晶体与 X 射线产生衍射的时候,本应该具有的线状谱就会拓展为具有一定积分强度的宽谱。当 X 射线照射到样品中体积为 V 的区域,大量的小晶粒共同作用使得衍射强度蕴含了实际样品的信息。因此,对于实际晶体而言,某一个衍射晶面(HKL)峰强度与该物相在 X 射线照射之间存在下面的关系:

$$I_{HKL} = \left(\frac{1}{32\pi R} I_0 \frac{e^4}{m^2 C^4} \lambda^3 \right) \left(\frac{F_{HKL}^2}{V_0^2} P_{HKL} \frac{1 + \cos^2 2\theta}{\sin^2 \theta \cos \theta} e^{-2M} \right) \frac{1}{2\mu} V \qquad (4-11)$$

式中,V_0 是单胞的体积;P_{HKL} 是多重因子;e^{-2M} 是温度因子;$\frac{1 + \cos^2 2\theta}{\sin^2 \theta \cos \theta}$ 是洛伦兹-偏振因子;μ 是样品的吸收系数;V 是 X 射线照射到样品中的体积。第一个小括号里的所有参数都和仪器自身相关。

在晶体学中,把晶面间距相同、晶面上原子排列具有相同规律的晶面族称为等同晶面,用 {} 符号表示。比如对于立方晶系 {100} 晶面族包含了(100)、(010)、(001)等六个晶面。满足布拉格方程的等同晶面都能够参与 X 射线衍射,反映在粉末衍射谱图上,彼此会重叠在一起。因此,等同晶面包含的晶面越多,其产生的衍射强度也越大。为了衡量晶面个数对衍射强度的贡献,引入多重因子 P_{HKL},采用等同晶面的个数来衡量。如立方晶系的 {111} 多重性因子为 8,{110} 多重性因子为 12。

洛伦兹-偏振因子是洛伦茨因子和偏振因子的乘积,它反映出晶粒大小、晶粒数目对于 X 射线衍射强度的影响。另外,实验室使用的 X 射线自身的波长有一定的宽度,并非真正意义的单色光,加上入射线的角度并不能做到完全平行,这些因素也导致粉末衍射谱图的宽化。

温度因子 e^{-2M} 的引入源自原子并不是在晶格位置上保持绝对不动。原子总是在晶格平衡位置上作振动,即便在绝对零度,依然存在真空零点能。这种热振动使得参与衍射的晶面增"厚"。这种增"厚"现象对于面间距 d 值小的晶面影响更加明显,所以,对于高角度的衍射线影响更加显著。温度因子和原子热振动均方位移、温度、衍射角 2θ 等具有密切关系。

式(4-11)是实际粉末样品衍射绝对强度的表达式,实际的衍射仪器所测试的强度数据往往表现为相对强度。在 X 射线衍射数据精修的时候,这两种强度之间一般用标度因子(scaling factor)进行换算。

总的来说,晶体的衍射强度与晶体结构具有密切的关系,通过衍射强度数据可以推导晶体的结构。粉末样品的衍射强度,除了会受到原子种类、原子位置、对称性等结构方面因素的影响外,同时也会受到仪器、晶粒尺寸、温度、结晶性、微观应力等一系列因素的影响。后面的章节会介绍 X 射线衍射数据的精修过程,其实就是计算和拟合这些影响因素的过程。

习 题

1.布拉格方程的表达式是什么？简述你对布拉格方程的理解。

2.什么是 X 射线的选择反射？

3.X 射线产生衍射的极限条件是什么？

4.名词解释:埃瓦尔德球、偏正因子、原子散射因子、结构因子、等同晶面、多重因子、洛伦兹–偏振因子。

5.一种物相的某一个衍射晶面(HKL)峰的衍射强度与其结构因子的关系是什么？

6.温度因子的来源是什么？ 和哪些因素有关系？

7.一个衍射晶面(HKL)峰强度和哪些因素有关？

第5章 样品制备方法及测试实践

为了获得一组质量较高的粉末X射线衍射数据,粉末X射线衍射的测试细节极为重要。获取高质量的粉末X射线衍射数据是样品结构分析的关键,特别是涉及晶体结构精修时,一组高质量的数据是晶体结构解析可靠性的前提。获得高质量的粉末X射线衍射数据与样品的制备具有密切关系。本章主要涉及两种样品的制备方式。一种是粉末样品的制备,一种是块体样品的制备。

5.1 粉末样品的制备

粉末样品的制备是粉末X射线衍射测试过程中基础而又关键的一步,其中涉及一些需要注意的问题,特别是粉末样品的颗粒度和粉末样品的平整度。

5.1.1 粉末样品的颗粒度

由于样品的颗粒度过大或者过小都会对测试的结果产生一定的影响,粉末样品的颗粒度必须要满足一定的要求。实验结果显示颗粒尺寸在 $0.1 \sim 10~\mu m$ 的粉体,测试获得的衍射数据具有综合较好的效果。如果粉末材料的颗粒度超过 $10~\mu m$,将会导致衍射强度下降、衍射数据的峰形变差、衍射数据的背底(噪声)变大;而当粉末材料的颗粒尺寸小于 $0.1~\mu m$(即 100 nm)时,测试所得的衍射数据不但强度有所下降,而且衍射峰会出现明显的宽化。

对于含有比较大的颗粒粉末样品,需要通过研磨的方法将其变小。常规的做法是通过玛瑙研钵进行样品晶粒的细化,如图 5-1 所示。当然也可以附加过筛的手段以获得颗粒度比较细小而均匀的粉末样品。

图 5-1 玛瑙研钵和 X 射线衍射用玻璃样品架

所制备的粉末样品需要填充在具有四方形开槽的玻璃样品板上(见图 5-2),具体的操作方法如下:取适量的粉末样品放在玻璃样品架板的槽中心,用载玻片轻轻地将粉末样品压平,使得样品的高度与玻璃样品板上表面的高度一致,这样就可以确保所测试的粉末样品上表面恰好处于衍射仪器测角仪的圆心上。同时也能保证粉末中的颗粒是处于随机分布状态,最大限度地消除样品择优取向的影响。

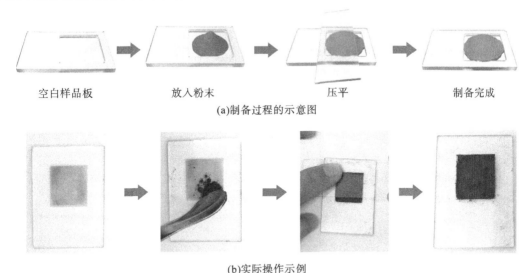

空白样品板　　　　　放入粉末　　　　　　压平　　　　　制备完成

(a)制备过程的示意图

(b)实际操作示例

图 5-2　粉末样品的制备过程

如果粉末样品表面高出样品架的表面,会使得衍射峰中心位置向小角度移动;相反,如果粉末样品表面低于样品架的表面,衍射峰中心位置向高角度移动。这两种情况下,都会对样品的真实信息产生一些"虚假"的偏离。

5.1.2　粉末样品的平整度

粉末样品的平整度对测试结果也具有很大的影响。这就要求粉末样品在操作的过程中既要保证样品表面处在测角仪的圆心位置上,同时也要保证上表面平整,局部区域没有明显的凹坑或者凸起。如果粉末样品不够平整,毛糙表面的出现会使得测试的结果偏离真实的信息,包括衍射峰的位置出现移动、衍射峰宽化。这些综合因素都会对后续的晶体结构解析产生影响,导致分析结果偏离样品的真实值。

5.2　块体样品/薄膜样品的制备方法

对于块体样品或者薄膜样品而言,最大的不同就是无法像粉末样品那样进行研磨,这时候就无法使用粉末样品的制备方法进行测试。但是可以采用一种较为巧妙的"临时固定法"实现测试块体样品的目的。

"临时固定法"的基本思路就是将所要测试的样品表面调制到测角仪的中心点,即保持样品的高度与样品板上表面的高度一致,这样在整个测试过程中,就可以确保测试数据的准确性和可靠性。为了实现这个目的,就需要采用橡皮泥等可固定样品的黏性材料。这些黏性材料具有一定的强度,可以在短时间内将样品固定,防止样品微小移动,而且测试之后很容易将样品从样品架上取下来。一般采用强度较大的橡皮泥作为临时固定材料,且操作性也比较好,测试的数据质量较高。

块体样品制作过程如下,首先要确保测试的受光面平整,如果块体样品被测试的面不平整,可以通过砂纸打磨的方法获得一个比较平整的测试面。测试块体样品的样品架是一个开四方孔的金属板,常用的材质为铝材。首先需要确认样品架的正面和背面,具有窄斜棱边的一面为样品架的正面,如图 5-3 所示。为了方便,可以在样品架的正面或者背面做上文字标注,避免失误。取一块光滑的玻璃比如载玻片,将待测块体样品的被测试面紧贴载玻片,确保两者处于同一平面,这时候制样者仅能看到测试样品的背面。将样品架正面紧贴载玻片,开孔区域放置待测试样,待测试样尽量放置在样品架开孔区域的中心位置处,完成合模过程。然后用橡皮泥将块体样品的背面和样品架连接且固定起来,起到临时加固的作用。这时从样品架的正面看,待测试样的测试面与样品架的正面恰好处在同一个平面上,当把样品架插入到测试仪时,待测试样的测试面刚好处在测试圆的圆心上。薄膜样品的制备过程与块体样品的制备过程类似。

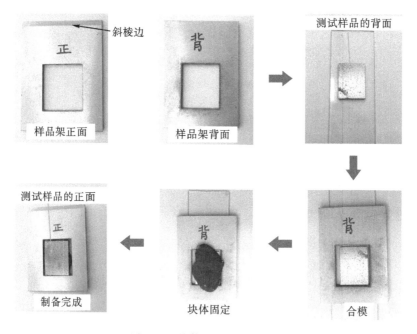

图 5-3 块体样品的制备过程

5.3 粉末 X 射线衍射仪器的实际操作

粉末 X 射线衍射仪器的扫描方式有三种,即常规测试方法、平行束光路法、ω 扫描法。常规测试方法主要基于 Bragg-Brentano(布拉格-布伦塔诺)几何设置,也叫 θ-θ 方法,是实验室里主要使用的测试方法。在常规测试中粉末样品的表面放置在测角仪的圆心处,X 射线管和探测器分别围绕测角仪的圆心做匀速圆周运动。其中一种方法是样品固定不动,X 射线管和探测器在各自步进电机的控制下,围绕粉末样品的表面(圆心)转动,这种方法可以有效地防止在测试过程中样品由于受到震动洒落在仪器里,污染仪器,如图 5 - 4(a)所示。

平行束光路法主要用于薄膜材料的测试。如图 5 - 4(b)所示,X 射线以一个很小的角度(θ 约为 1°)掠射进入薄膜样品,保持 θ 不变,探测器围绕薄膜的表面进行扫描并且记录强度。平行束光路法可以有效地避免衬底衍射信号的干扰,获得薄膜自身的衍射信号。另外可以改变掠射角度,获得薄膜不同深度的衍射信号。避免了采用常规测试方法测试薄膜材料时,测试结果不仅包含了薄膜样品的信号而且也包含了更强的衬底衍射信号的情况。

ω 扫描法,也叫摇摆曲线,如图 5 - 4(c)所示。保持探测器不变,同时入射光与探测器之间的夹角也保持不变(即固定 2θ),在一定范围内改变入射 X 射线与样品表面的夹角(ω),样品围绕着垂直于由入射光和探测器两相交直线构成的平面来回转动,获得在不同的 ω 下 X 射线衍射强度的变化。由于在扫描的过程中 2θ 固定,ω 从 0 逐渐增加,所以探测器接收到的信号全部来自衍射角为 2θ 的 $\{hkl\}$ 晶面在不同方向上的信息。ω 扫描法主要用来测试 X 射线被某一晶面散射后其衍射束的发散程度,可以用来衡量待测样品生长质量的优劣以及织构化等信息。

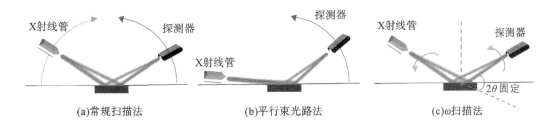

图 5 - 4　粉末 X 射线衍射仪器的三种扫描方式

本章以丹东浩元仪器有限公司研发的 DX - 2700BH 多功能衍射仪的实际操作过程为例,对粉末 X 射线衍射仪器的基本操作过程进行说明。DX - 2700BH 多功能衍射仪采用金属陶瓷 X 射线管,基于布拉格-布伦塔诺几何光学设计,探测器通常为封闭正比计数器,采用模块化设计理念,各组件即插即用。不需要校正光学系统,培训之后,初学者也能快速地操作和使用衍射仪。

此外,DX - 2700BH 多功能衍射仪配备专业衍射数据处理和分析软件,可以实现很多常规数据的处理,包括寻峰、平滑、背底扣除、峰形拟合、峰形放大、谱图对比、$K_{\alpha 1}$ 剥离、$K_{\alpha 2}$ 剥离、衍射线的指标化等,使用 ICDD 数据库或用户数据库进行物相定性分析/定量分析,也可以进行晶粒尺寸测量、晶体晶胞参数测量等结构分析、宏观应力测量和微观应力计算、多重绘图的二维和三维显示、衍射数据半峰宽校正和衍射数据角度偏差校正,以及 Rietveld 常规精修分析等功能。

下面以粉末 DX - 2700BH 衍射仪器的常规测试操作流程为例进行说明。

第一步　接通主电源开关(对于主电源,通常是常开状态,如果是确认就行)。

第二步　打开冷却水泵循环系统,开关至 Start 状态,如图 5 - 5 中①所示;待温度显示稳定后(至少需要 3 s),然后将开关旋至 Run 状态,如图 5 - 5 中②所示(这时候可以听见水泵运行的声音)。

第三步　将衍射仪的红色开关按钮旋转至 ON 状态(顺时针),如图 5 - 6 中③所示;然后,按下衍射仪开门的按钮同时,打开衍射仪门,如图 5 - 6 中④所示,将制备好的样品插入测角仪

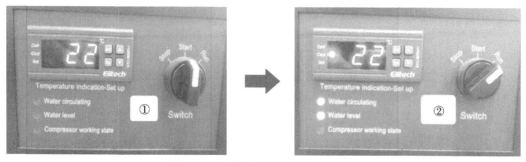

图 5-5　冷却循环系统的控制面板

的圆心处,如图 5-6 中⑤所示,轻轻地关闭衍射仪的仪器门。

图 5-6　样品的放入

第四步　打开电脑上的衍射仪控制软件,如图 5-7 所示。

图 5-7　软件的启动过程

第五步　选择"测量"→"样品测量"选项,如图 5-8 所示。

第六步　软件弹出控制参数对话框;设置控制参数,如图 5-9 所示。在这里可以设定测试的起始角和终止角(大多数情况下 2θ 可以选择 10°~80°),步进角度(一般是 0.02°),采样时间(常规是 0.2 s),以及管电压、管电流。

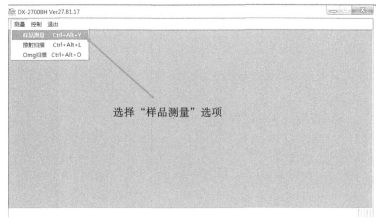

图 5 - 8 测量模式选择

图 5 - 9 测试参数的设定

第七步 单击"开始"按钮,系统出现文件的保存路径,输入并保存命名的文件名称,单击确认,仪器开始测试,直到测试完成。

第八步 若要继续测量下一个样品,打开衍射仪门,置换样品,进行下一个样品的测试。

第九步 当所有的样品测试结束后,关闭 X 射线控制软件,此时窗口弹出"是否关闭高压"对话框,单击"是"按钮,退出高压。

第十步 将主机红色按钮扳至 off(逆时针方向),如图 5 - 10 所示。

图 5 - 10 关闭仪器

第十一步　待循环水继续运行 2～5 min 后,将冷却循环控制面板的旋钮扳至 Start,随后扳至 Stop,将循环水系统关闭。

第十二步　关闭电脑。

第十三步　在测试记录本做好测试登记。

5.4　仪器的维护和注意事项

作为一款非常有用的常规仪器,X 射线衍射仪的维护和注意事项也是实验室管理需要考虑的,主要包括以下几点:

(1)X 光管的维护。X 光管是 X 射线衍射仪器的关键部件之一,光管故障绝大多数是由于不及时冷却而引起的,所以机器运行时应当经常检查制冷机工作是否正常,同时严格按照开机时先开冷却机再开主机,关闭仪器时先关主机再关冷却机的顺序;关机时,关闭软件,退出高压后,先把主机电源切断,让水泵继续运行 2～5 min 后再关闭水泵。

(2)在做样品分析之前,先把水泵、主机、电脑打开,然后制作分析的样品,防止天热时直接打开主机出现温度高,仪器出现自我保护导致测试的延误。

(3)在水泵运行过程中,温度在 18～23℃ 范围内循环是正常工作状态,如果超过 23℃,并继续上升,要立刻停止;这时候很可能制冷系统出现了故障,如缺冷媒,需要找专业维修的人员进行检查。

(4)换粉末样品时要轻拿轻放,以免粉末洒落和污染仪器的样品台;不可以用手直接触碰 X 光管,探测器等敏感部件。

(5)开关仪器门时,动作要轻柔缓慢,防止仪器出现不必要的振动,不用强力以免损坏仪器的防护玻璃门;开启仪器门时,请注意仪器是否已停止工作,关闭仪器门时,要检查防护玻璃门是否关紧。

(6)不建议使用个人 U 盘在控制电脑上读取数据,以免造成 PDF 数据库和实验数据被病毒感染。

(7)忘记设置参数时,不建议在高压启动过程中停止测量,等到启动完毕出现衍射谱后进行停止,然后进行控制参数的修改和设定;测试完成后,更换下一个样品,直到所有的测试结束。没有样品测试的时候,应该及时关闭 X 射线管,退出高压状态。

(8)X 射线的辐射对生物有一定的杀伤作用,其辐射剂量的临界值为 0.05 伦琴/每天。如果超过这个值,将对生物产生伤害。另外,X 射线在生理作用上具有"累积"性质,所以在操作仪器的时候,要严格遵守安全条例,规范操作,同时也要注意采用防护措施。建议经常使用 X 射线仪器的工作的人员要经常检查周围的辐射剂量,做好防护工作和措施。

习　题

1. 概述粉末样品的制备过程和注意事项。
2. 粉末样品的平整度对测试结果有什么影响?
3. 概述"临时固定法"的基本思路和一般过程。
4. 粉末样品表面高出样品架的表面会产生什么不利的影响?

5. 粉末样品表面低于样品架的表面会产生什么不利的影响?

6. 名词解释:平行束光路法、θ-θ 方法、ω 扫描法。

7. X 射线衍射仪器维护时,注意事项包括哪些?

第6章 物相分析及测试数据解析

6.1 物相分析原理

在 X 射线衍射数据分析的过程中,物相(phase)是一个非常重要的概念,它指的是若干元素共同组成的具有同一凝聚状态、同一性质的结构。在科学研究中,需要知道所测试样品的物质组成,以及这些物质以什么样的结构存在于样品中,这种测试和分析过程就叫作物相分析。从本质来说,物相分析就是结构分析。物相分析一般可以分为定性分析和定量分析。定性分析就是指分析所测试的样品由哪些结构或者物相组成。定量分析指除了分析物相结构之外,还需要分析这些结构在样品中的含量。物相分析主要包括三个基本过程:

(1)测试粉末样品获得高质量的衍射谱数据,并绘制衍射谱图。

(2)在衍射谱图上标定各衍射峰对应的 2θ 值,通过布拉格公式将其转化为晶面间距 d 值。

(3)测出衍射谱图上的衍射相对强度,通过和数据库中的标准物相衍射谱图进行对比,进行吻合度的鉴定。

物相的检索是粉末 X 射线衍射仪器使用频率很高的一种分析模式。上述的三个过程可以在专业软件的帮助下提高工作效率。物相检索软件主要有 JADE、Match、Highscore 等。其中,MDI 公司开发的 JADE 软件是一款中立的、全功能分析 X 射线衍射图的软件,可兼容分析所有格式的粉末 XRD 数据,它是由周荣生博士在 1991 年开发的,并在持续更新。2019 年,国际衍射数据中心(the International Centre for Diffraction Data,ICDD)收购了 JADE,开始出版发行最新版的 JADE 软件,分为 JADE Standard 和 JADE Pro 两个版本,这使得晶体衍射分析手段进入到一个新的阶段。本章以 2022 年 9 月份发布的 JADE Pro 8.7 软件为例,展示物相检索的基本过程。

我们以一种市场上的矿石粉体为例,首先经过元素测试分析,已知这种矿石粉体包括的元素有硅、铝、钠、氧。当 X 射线衍射仪采集完数据以后,鼠标双击打开 JADE Pro 8.7 软件,如图 6-1 所示。选择"开始"→"打开新文件夹"选项,找到存放衍射测试数据的文件夹,将所测试的衍射数据读入 JADE 软件。

JADE 软件读入的 X 射线衍射数据,横坐标是衍射角的位置(对应的 2θ 数值),反映了所测试样品中晶胞的形状、大小,以及不同晶面的面间距。纵坐标是强度,反映了晶胞内原子的种类、排列方式以及数目情况等。在衍射图谱显示区域,出现"DX - 2700BH SSC 40 kV/30 mA…"信息,表明了测试仪器信息和数据采集时所用的参数。

每一种晶体物质都具有特有的晶体结构从而展现出特有的衍射峰位和强度。从整体上来

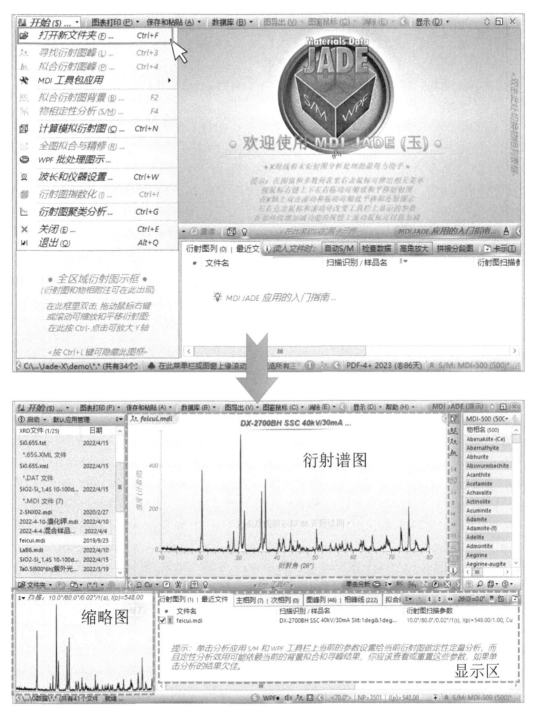

图 6-1　粉末 XRD 测试数据的读入

讲,某一种确定的物相所包含的衍射峰的 2θ 角度位置和所对应的晶面间距(d)及相对强度,均具有固有的特征,可以根据这些固有特征的测试数据结果反推出其晶体结构或者物相结构。另外,不同的物相混合物测试出的衍射数据包含了各个不同物相的特征信息,且相互之间不存在干扰,所以可以解析出每一种物相的信息,从而达到分析混合样品的目的。物相定性分析在核对标准衍射数据时,先对最强线,对上之后,再对比次强线,以此类推,如果所有衍射线都可对上,即说明标准衍射数据上的物相在样品中质量占优,也叫主相;如果匹配完成之后,样品的衍射谱中已没有未对上的线条,则说明样品是由单一物相构成。如果还有未对上的线条,那么按照上述方法步骤查找其他可以与之对应的标准衍射数据,依照相同的步骤进行核对,从而达到确定剩余物相的目的。

物相检索的基本原理就是通过标准化的测量获得物相的 X 射线衍射数据,建立 X 射线衍射数据库,形成一个数目巨大且可靠的标准化数据库,然后将测试数据和标准数据库进行比对,如果测试数据和标准数据库中的某一个数据能够匹配,那么就可以认为所测试的样品的结构和标准数据库包含的结构属于同一种。这种思路就如同在侦破案件的场合,通过指纹的匹配来找到嫌疑犯一样。JADE 软件在安装之后和 ICDD 所出版发行的标准衍射数据 Powder Diffraction File(PDF)数据库建立检索链接,这样 JADE 软件就如同一座桥梁将测试的数据和标准的 PDF 数据库关联起来,可以通过 JADE 软件查阅到 PDF 库的细节信息。

6.2　国际衍射数据中心(ICDD)

关于 PDF 的历史可以追溯到 1938 年,Hanawalt 等人开始收集物相的标准衍射花样,并系统地将其进行整理和分类。到了 1941 年,美国材料试验协会(the American Society for Testing Materials,ASTM)第一次向全世界公开出版发行第一辑,其中包括约 1000 种物相的标准衍射花样,即 ASTM 卡片。到了 1969 年,粉末衍射标准联合委员会(the Joint Committee on Powder Diffraction Standards,JCPDS)成立,继续收集、编辑、发行物相的标准粉末衍射数据,简称 JCPDS 卡片,并对其进行分类、编号,制成卡片出版,这种卡片被命名为"粉末衍射卡组",即 Powder Diffraction File,简称 PDF 卡片。从 1978 年开始,为了体现该组织的国际性,JCPDS 正式更名为国际衍射数据中心(the International Centre for Diffraction Data,ICDD),成为全球唯一收集、编辑、出版发行物相粉末 X 射线衍射标准数据的非营利性科学组织。ICDD 每年在 9 月份都会出版、发行最新版的 PDF 数据库,同时也和全球其他著名的晶体数据库保持高度的合作,包括英国的剑桥结构数据库(Cambridge Structure Database,CSD);国际晶体结构数据库(Inorganic Crystal Structure Database,ICSD,德国,即俗称的 Findit 无机晶体结构数据库);美国的国家标准技术研究所数据库(National Institute of Science & Technology,NIST);以及瑞士的 Linus Pauling File(LPF)。其中 2023 版 PDF 收集了约 106 万种有机和无机晶体数据,分别为 PDF‐4/Organic 2023、PDF‐2 2023、PDF‐4＋ 2023、PDF‐4/Minerals 2023 及 PDF‐4/Axiom2023。高校和研究机构通过购买版权即可使用。

如图 6‐2 所示,ICDD 的 PDF 库包括了一些子库,比如无机相子库、有机相子库、矿物相子库、金属相子库等。此外,为了提高数据库的灵活性,JADE 软件的用户也可以建立自定义数据库,用于物相检索的数据库,比如 JADE 软件自带的 MDI‐500 子库。可以看出无机相子库包含了 153678 组标准 PDF 信息,而有机相子库包含了 608749 组标准 PDF 信息。这些数据库每年都会更新,不断有新的 PDF 数据加进来。

目前 ICDD 包含的 PDF 卡片数据库收集的标准 X 射线衍射数据已超过一百万条,而且涵盖的范围极其广泛,包括了材料学科的各个领域。对于每一个 PDF 卡,其内容涵盖约八个方面,主要包括如下:

图 6-2　物相分析的 PDF 数据库

（1）卡片编号。如同卡片的身份证号码一样，全球统一，知道了卡片编号，无论在哪个实验室获得的卡片信息都是一样的。旧的 PDF 卡片号是××-××××六位格式，如 20-0156，其中 20 为卷号，0156 为第 156 张卡片。新的 PDF 卡片号是××-×××-××××九位格式，其中前面两位是数据的来源。00 来源于是国际衍射数据中心 ICDD 的粉末衍射数据；01 是来源于无机物晶体结构数据库（ICSD）；02 是来源于剑桥结果数据库（CSD，主要是有机物）；03 是来源于家标准技术研究所（NIST）；04 是来源于莱纳斯-鲍林文件（LPF）；05 是来源于国际衍射数据中心 ICDD 的单晶衍射数据。

（2）物相的晶面间距和相对衍射强度。物相分析时，先对三强线，相符合即说明样品中可能含有卡片上的物相，然后再对其他衍射数据。

（3）样品测试的仪器参数包括所用的 X 射线激发波长、是否用到滤波片等。

（4）物相的晶体学数据。包括物相的对称性、空间群、晶胞常数等细节信息。

（5）物相的一些物理性能参数，如密度、衍射等。有些 PDF 缺少这类信息。

（6）样品的制备相关信息或者样品的来源信息。大部分卡片会给出相关的参考文献信息。

（7）物相的矿物学名称或英文名称及其化学分子式，大多数卡片也会给出晶体衍射数据的质量等级。

（8）还有一个列表列出了所有衍射峰的晶面间距（d 值）、相对衍射强度和所对应的（hkl）晶面指数。这个表格里最高的衍射晶面强度为 1000，其他能出现衍射的晶面的强度都是基于这个最强峰的相对强度。

ICDD 致力于高质量 PDF 数据库的建设，除了上述涵盖的八个基本方面的信息外，每张 PDF 文档也附加了其他丰富而重要的材料信息。以 PDF-4+2023 数据库为例，打开之后，显示如图 6-3 所示的启动窗口。

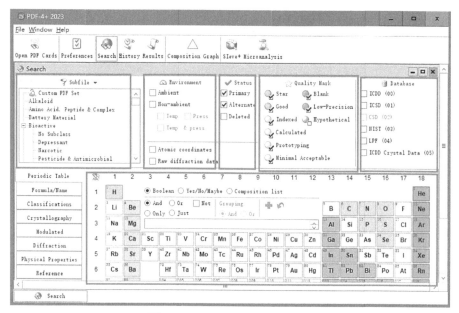

图 6 - 3　PDF - 4 + 2023 数据库

　　其中,在子库(Subfile)里面收集了一些典型的材料体系,如电池材料(Battery Material)、金属有机框架化合物(Metal-organic framework)、超导材料(Superconducting Material)、热电材料(Thermoelectric Material)、储氢材料(Hydrogen Storage Material)等。此外,Environment 指的是衍射数据的采集条件。Environment 不仅包括了常温常压(Ambient)测试条件下的衍射数据,还包括不同温度以及不同压力下所测试的衍射数据。在状态栏(Status)中包括了三种不同的数据类型,Primary、Alternate、Deleted,对于已删除的卡片(Deleted)不建议作为研究的参考。另外还包括衍射数据的质量等级(Quality Mark),从 Star、Good 等级逐步降低。在最右边是 Database,一共六组。

　　以电池材料的代表材料——磷酸铁锂为例,其化学式为 $LiFePO_4$(简称 LFP),是广泛研究的锂离子电池电极材料之一。1996 年研究者发现 $LiFeCoPO_4$ 的橄榄石结构可以作为锂离子电池正极材料,到了 1997 年 John. B. Goodenough 等人研究了 $LiFePO_4$ 的锂的迁入/脱出特性,John. B. Goodenough 在业界被称为"锂电池之父",并于 2019 年获得了诺贝尔化学奖。在子库(Subfile)里面选择电池材料(Battery Material),然后单击 Search,如图 6 - 4 所示。

　　对电池材料而言,一共检索出 3409 个 PDF 卡片,如图 6 - 5 所示。其中最典型的磷酸铁锂也罗列其中。这里选择卡片号为 00 - 069 - 0053,其质量等级(Quality Mark,QM)标记为绿色,表明数据质量最高。通过鼠标双击可以打开 PDF 信息窗口。

　　如图 6 - 6 所示,在打开的 PDF 信息页面(编号为 00 - 069 - 0053 的衍射信息),可以看到 X-ray diffraction 表示选择了 X 射线衍射模式。可以选择 X 射线的波长。以实验室最常用铜靶 K_{a1} 为例,其波长是 1.54056 Å。如果实验室采用其他阳极靶材,就需要在波长这一栏选择相应的数值。

　　可以看到在右端显示出 X 射线衍射图谱。不同波长的激发会导致得到的衍射图谱不一致,需要注意。同时在中间部分,可以看到满足布拉格衍射方程条件的 2θ 数值和相应的 d 值以及对应的衍射晶面。

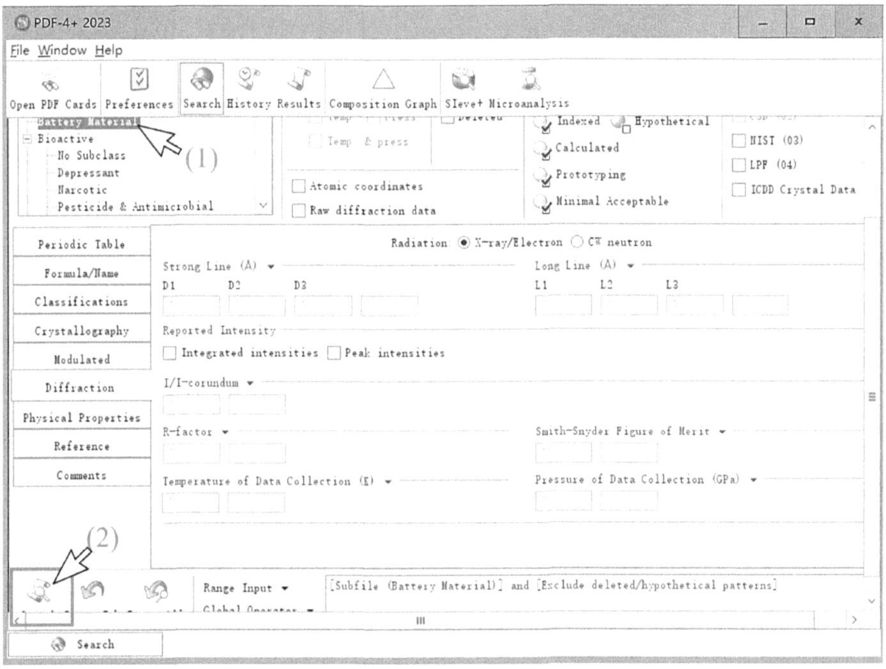

图 6-4 在子库中检索电池材料

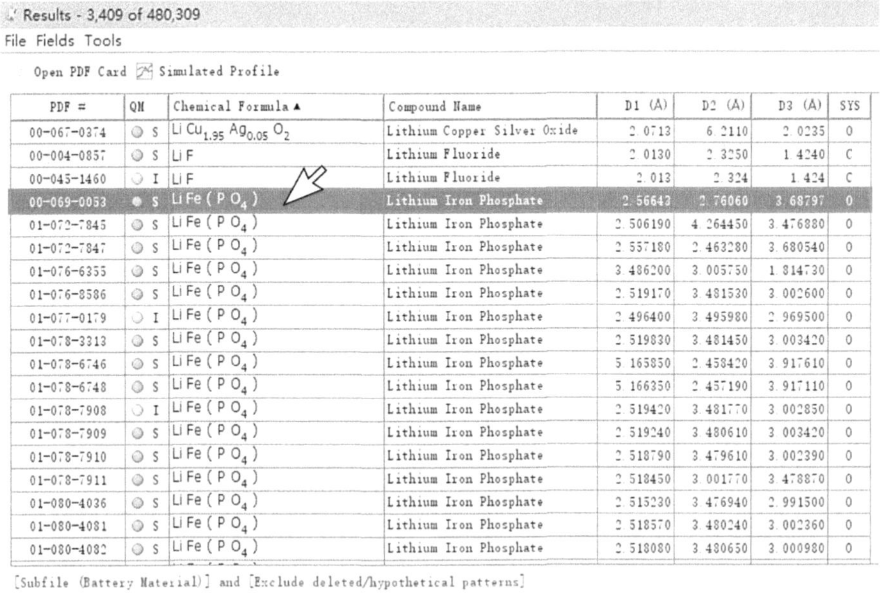
Results - 3,409 of 480,309

File Fields Tools

Open PDF Card Simulated Profile

PDF #	QM	Chemical Formula ▲	Compound Name	D1 (A)	D2 (A)	D3 (A)	SYS
00-067-0374	S	$Li Cu_{1.95} Ag_{0.05} O_2$	Lithium Copper Silver Oxide	2.0713	6.2110	2.0235	0
00-004-0857	S	Li F	Lithium Fluoride	2.0130	2.3250	1.4240	C
00-045-1460	I	Li F	Lithium Fluoride	2.013	2.324	1.424	C
00-069-0053	S	$Li Fe (P O_4)$	Lithium Iron Phosphate	2.56643	2.76060	3.68797	0
01-072-7845	S	$Li Fe (P O_4)$	Lithium Iron Phosphate	2.506190	4.264450	3.476880	0
01-072-7847	S	$Li Fe (P O_4)$	Lithium Iron Phosphate	2.557180	2.463280	3.680540	0
01-076-6355	S	$Li Fe (P O_4)$	Lithium Iron Phosphate	3.486200	3.005750	1.814730	0
01-076-8586	S	$Li Fe (P O_4)$	Lithium Iron Phosphate	2.519170	3.481530	3.002600	0
01-077-0179	I	$Li Fe (P O_4)$	Lithium Iron Phosphate	2.496400	3.495980	2.969500	0
01-078-3313	S	$Li Fe (P O_4)$	Lithium Iron Phosphate	2.519830	3.481450	3.003420	0
01-078-6746	S	$Li Fe (P O_4)$	Lithium Iron Phosphate	5.165850	2.458420	3.917610	0
01-078-6748	S	$Li Fe (P O_4)$	Lithium Iron Phosphate	5.166350	2.457190	3.917110	0
01-078-7908	I	$Li Fe (P O_4)$	Lithium Iron Phosphate	2.519420	3.481770	3.002850	0
01-078-7909	S	$Li Fe (P O_4)$	Lithium Iron Phosphate	2.519240	3.480610	3.003420	0
01-078-7910	S	$Li Fe (P O_4)$	Lithium Iron Phosphate	2.518790	3.479610	3.002390	0
01-078-7911	S	$Li Fe (P O_4)$	Lithium Iron Phosphate	2.518450	3.001770	3.478870	0
01-080-4036	S	$Li Fe (P O_4)$	Lithium Iron Phosphate	2.515230	3.476940	2.991500	0
01-080-4081	S	$Li Fe (P O_4)$	Lithium Iron Phosphate	2.518570	3.480240	3.002360	0
01-080-4082	S	$Li Fe (P O_4)$	Lithium Iron Phosphate	2.518080	3.480650	3.000980	0

[Subfile (Battery Material)] and [Exclude deleted/hypothetical patterns]

图 6-5 检索出 3409 个电池材料

ICDD 数据库不仅提供 X 射线衍射相关信息。有些 PDF 卡片也提供中子衍射和电子衍射相关的信息。如图 6-7 所示，选中 Electron diffraction，就可以显示出磷酸铁锂(00-069-0053)相应的电子衍射图谱。

值得一提的是，PDF-4 系列数据库中收录了材料的选区电子衍射(SAED)数据，选择

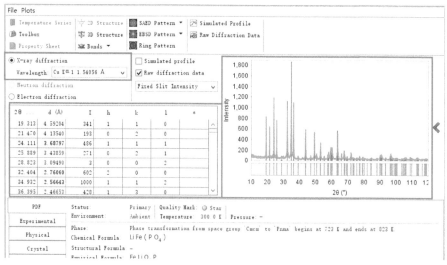

图 6-6 编号 00-069-0053 的 X 射线衍射信息

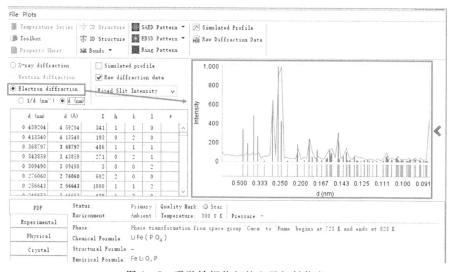

图 6-7 磷酸铁锂物相的电子衍射信息

SAED Pattern,如图 6-8 所示。

选择 SAED Pattern 打开磷酸铁锂(00-069-0053)的选区电子衍射信息。这些信息可以和透射电子显微镜(TEM)测试结果相互对照,进行指标化、计算晶面间距 d 值等工作,相得益彰。在本例中,选择电子的加速电压为 200 kV。选择某个晶面方向,如[001]方向,获得选区电子的衍射斑点。另外,ICDD 提供非常便捷的衍射晶面(HKL)的标定,中心的红色点作为原点。每一衍射斑点对应的衍射晶面都可以标定出来,如图 6-8 所示,可以对 TEM 指标化衍射晶面提供非常便利的参考。

另外,背散射电子衍射(EBSD)技术是一种利用衍射电子束来鉴别样品的结晶学方位技术。通过加速电子束射入样品产生反弹的背散射电子,经过表面晶体结构衍射,携带着样品表面的晶粒方位的信息,可以判断每一个晶粒的方向以及取向。在获得每一个晶粒的方位后,可

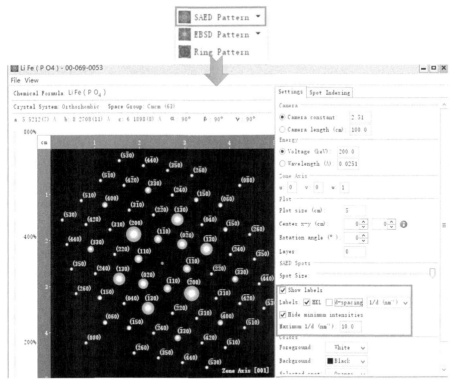

图 6 - 8　磷酸铁锂(00 - 069 - 0053)的选区电子衍射

用于判断晶界(Grain boundary)、相鉴别(Phase identification)、晶粒方向(Orientation)、织构(Texture)及应变(Strain)等重要信息。如图 6 - 9 所示,选择 EBSD Pattern 打开背散射电子衍射。可以设置 Zone Axis,如[001]方向,获得磷酸铁锂的背散射电子衍射菊池线(Kikuchi line)。

选择 HKL 指标化,当鼠标移动到背散射电子衍射区域时,可以显示出背散射电子衍射菊池线所对应的晶面。本例中当鼠标移动到磷酸铁锂(00 - 069 - 0053)两条平行的(200)晶面时,系统会自动标定出(200)晶面并且显示出黄色,如图 6 - 9 所示。

对多晶材料的 X 射线粉末测试模式而言,由于参与衍射的晶粒数目足够多,出现了衍射环(即德拜环)。ICDD 提供了 Ring Pattern,如图 6 - 10 所示,打开磷酸铁锂(00 - 069 - 0053)的电子衍射环信息。可以对晶粒的尺寸进行选择,其范围是 0~100 nm。另外,当鼠标指向某一个衍射环的时候,ICDD 自动显示出衍射环所对应的 2θ,d 值,衍射晶面 HKL 以及相对衍射强度。如图 6 - 10 所示,黄色的衍射环所对应 2θ 为 19.313°,d 值 4.59204 Å,衍射晶面 HKL 为(110),其相对衍射强度为 341(最强的衍射环对应的强度为 1000)。

多晶材料的德拜衍射环与晶粒尺寸具有比较密切的关系。如图 6 - 11 所示,对于磷酸铁锂(00 - 069 - 0053)而言,设定晶粒尺寸分别为 0.5 nm、2 nm、5 nm、20 nm。晶粒尺寸比较小的时候(如 0.5 nm),多晶德拜衍射环显示出非晶的特征。当晶粒尺寸为 20 nm 时,可以观察到非常明显的衍射强度。而当晶粒尺寸小于 20 nm 时,衍射环出现明显的宽化现象。

另外,可以选择 3D Structure,打开磷酸铁锂(00 - 069 - 0053)的三维晶体结构,如图 6 - 12 所示,具有非常直观的可视化图形界面。同时也可以看到晶胞参数等数据。

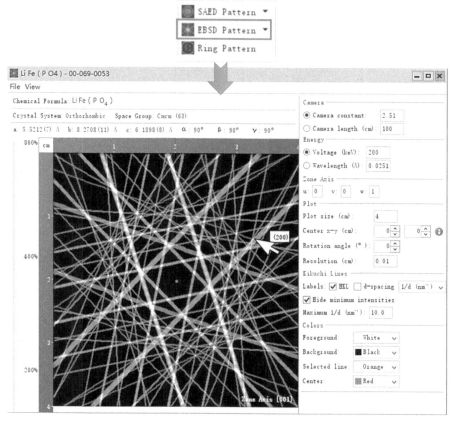

图 6-9　磷酸铁锂(00-069-0053)的背散射电子衍射(彩图请扫章后二维码)

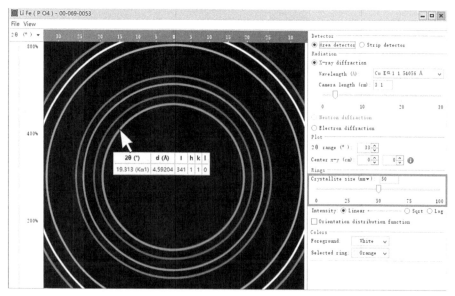

图 6-10　磷酸铁锂(00-069-0053)的电子衍射环信息(彩图请扫章后二维码)

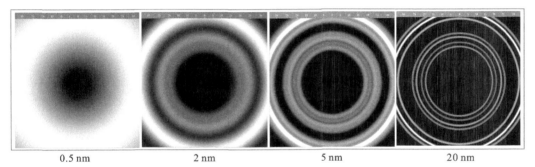

图 6 - 11　不同晶粒尺寸的磷酸铁锂的电子衍射环信息(彩图请扫章后二维码)

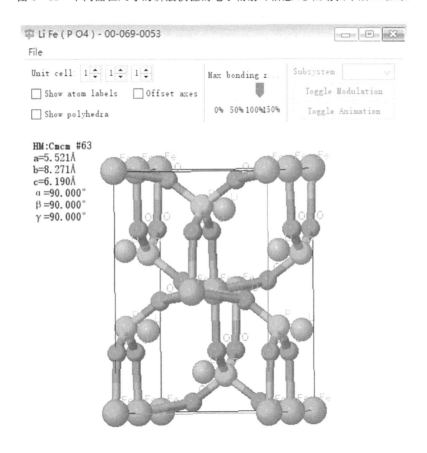

图 6 - 12　磷酸铁锂(00 - 069 - 0053)的三维晶体结构(彩图请扫章后二维码)

　　ICDD 蕴藏着巨大的信息,是材料研究的宝库,上面几个例子只是其中一部分功能。由于每一张 PDF 都是经过严格审核的,所以 ICDD 的 PDF 是以高质量作为基础。每一张 PDF 无疑都凝聚着每一个科研工作者的努力。读者如果善于利用 ICDD 的相关的信息,在新材料的研发中不仅可以获得可靠的信息而且还可获得新的灵感。

6.3　利用 JADE Pro 8.7 进行物相检索

　　下面讲述如何利用 JADE Pro 8.7 进行物相检索,根据前面的元素分析信息可知,所测试的粉末样品确定包含的元素是硅、铝、钠、氧,所以进行物相检索的时候就可以选择"使用化学元素筛选"这个选项(见图 6-13)。

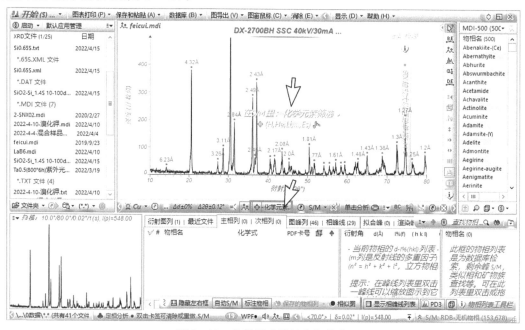

图 6-13　化学元素进行物相检索

　　通过图 6-14,可以依次选择硅、铝、钠、氧 4 种元素,需要注意的是元素周期表上的元素鼠标左键单击,显示浅蓝色表示元素是可能存在的(Possible);鼠标左键在浅蓝色元素上再次

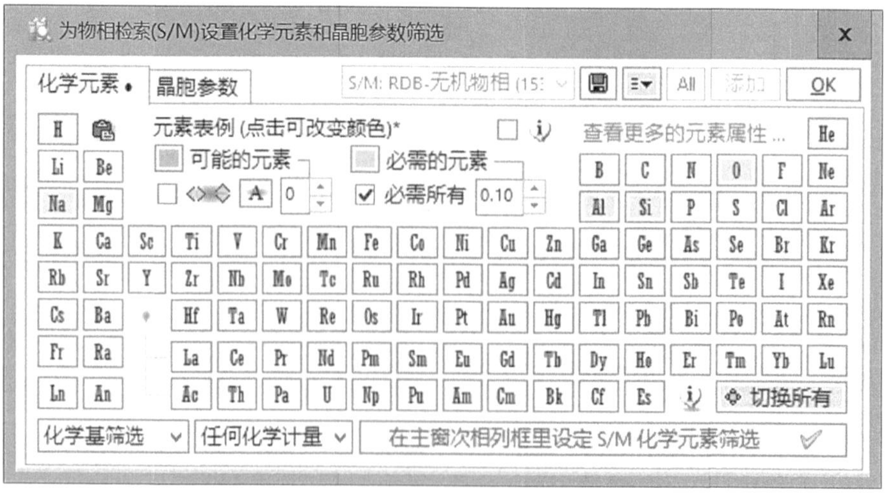

图 6-14　物相包含元素的选择(彩图请扫章后二维码)

单击,就会出现图 6-14 所示的橘黄色,表示样品中一定存在这个元素。

由于所测试的样品一定含有硅、铝、钠、氧四种元素,所以连续点击成为橘黄色。用鼠标的左键单击 OK 按钮进行确认,然后单击 S/M(Search/Match)按钮,表示开始进行检索。

通过图 6-15 可知,JADE 软件给出一些可能的物相检索结果。Jadeite 是其物相的英文名称,即翡翠。其化学式为 $NaAlSi_2O_6$,由此可见,所测试的粉末样品应该和翡翠矿物的结构一致。

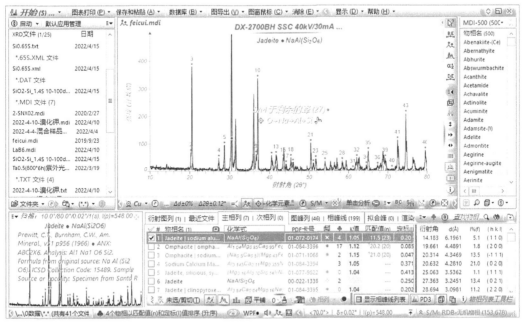

图 6-15　检索获得的 PDF 卡片(彩图请扫章后二维码)

物相检索的备用选项中匹配值表示了检索的结果与测试结果之间的匹配程度。在本例中选择 PDF 号码为 01-072-0174 的卡片作为物相检索的选择结果。

用鼠标左键选择,这样在其英文名称的前面就会打上一个"√",如图 6-15 所示。除了可以看到 01-072-0174 的 PDF 编号,拖动进度条还可以看到这个物相的空间群以及晶格常数等信息。如果想了解 01-072-0174 PDF 卡片更加详细的信息,可以将鼠标的左键放在"Jadeite"浅蓝色的文字上,然后双击,就会打开如图 6-16 所示的 PDF 物相信息。其中包括了这张 PDF 卡片数据采集时所采用的测试条件,对于 01-072-0174 卡片,采用铜靶的 $K_{\alpha1}$,其波长为 1.5406 Å,测试温度为 25℃,K 值为 1.05。其次给出了物相属于单斜晶系,空间群为 C2/c(15),另外晶胞参数是 9.4180×8.5620×5.2190 Å。α、β、γ 的角度分别 90°,107.58°,90°,显示 $Z=4$,其晶胞体积 401.19 Å³。另外还包括了分子量、密度,以及参考文献等信息。同时在物相信息中提供了衍射角、d 值、峰强度,以及晶面等信息。

可以单击"PDF-4 信息"命令,PDF-4+2023 启动,如图 6-17 所示,在图中可以看到计算的衍射图谱。

如果想要显示晶体的三维结构,可以选择窗口底部的"平铺"按钮,就会出现 01-072-0174 的单晶结构,如图 6-18 所示。在这个界面上,三维结构可以进行平移,旋转等各种操作,以便读者对三维结构有更加深刻的理解。

图 6 - 16 编号 01 - 072 - 0174 的物相信息

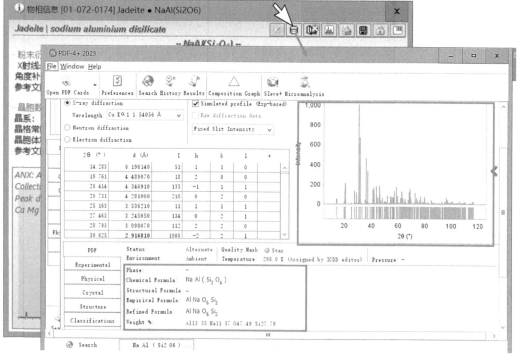

图 6 - 17 PDF - 4＋2023 界面

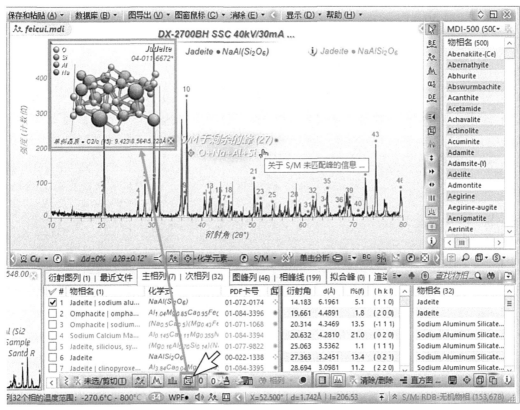

图 6 - 18　三维结构显示

可以双击三维结构显示，打开放大页面的三维结构显示，如图 6 - 19 所示。

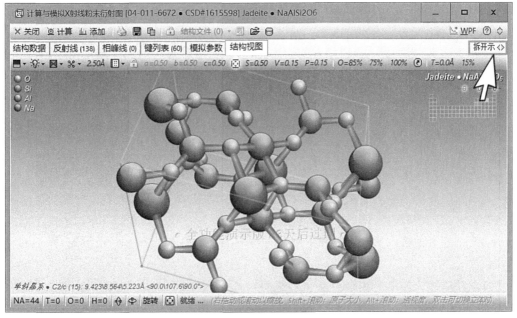

图 6 - 19　放大的三维结构

可以看到结构视图、结构数据、相峰线等信息。为了获得晶体结构数据文件,需要单击右上角的"拆开示"按钮。

在新窗口的左半部分显示出晶胞参数、空间群、原子坐标、占有率、位置等结构信息,如图 6-20 所示。单击"保存"命令,系统会提供四种晶体结构数据文件类型,分别为 MDI 晶体结构数据文件(csf 格式)、IUCr 晶体结构数据文件(cif 格式)、MDI 晶体结构数据文件(cx. xml 格式)、MDI 单晶胞内容文件(ucc 格式),其中 cif 格式的晶体结构数据文件在后面章节进行结构精修的时候需要。

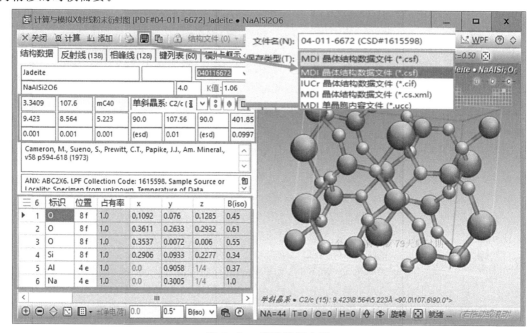

图 6-20　结构数据文件

完成检索之后,为了显示出所检索的物质名称,以及将相对应的晶面标注出来,可以选择"显示"命令,如图 6-21 所示。在下拉菜单中选择"物相标注项",然后选择(hkl)即可标注出每一个衍射晶面。为了调整显示的字体大小,可以选择"圆点等"→"字体大小"命令。也可以通过鼠标的滚轮滑动调节显示的字体大小,操作很便捷。

完成物相检索后,PDF 号、物相名称、化学式等信息出现在衍射数据的主页面。也可以将物相图以及每个衍射晶面都标注出来,如图 6-22 所示。

如果获得了比较满意的检索结果,可以将其结果保存下来。选择"图表打印"→"打印预览"命令,即可获得如图 6-23 所示的输出结果。单击"保存"可将当前所有信息保存。对于衍射峰较多的测试数据而言,可以采用分割显示模式。这些不同的显示形式,可以面向不同的应用场景。有些期刊的格式要求可能和本例有所不同,这时就需要进行相应的设定,以达到满意的输出效果。

上述所举的例子涵盖了从测试数据到物相检索、物相的确定、晶面的标定以及图形化输出。所举的例子仅仅包含一些简单的基本操作,读者可以在熟悉的基础上进行更加细致地调节和参数设定,以便使输出的数据结果和图像更加美观,所包含的信息量更加丰富。

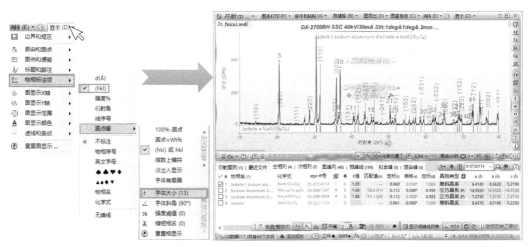

图 6-21　衍射晶面的标注以及设定

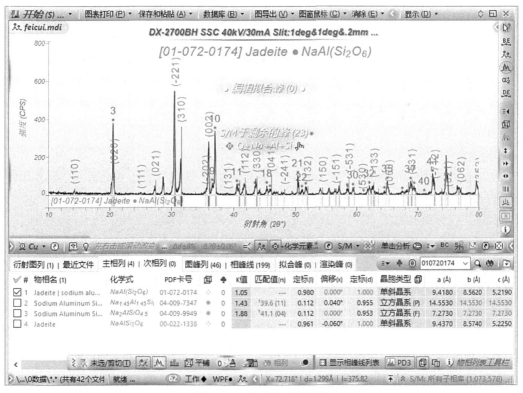

图 6-22　物相检索的完成

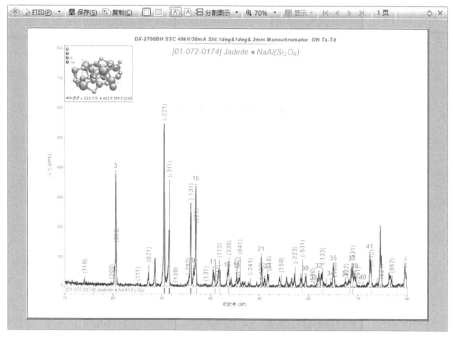

图 6-23 输出结果

6.4 物相分析注意事项及其局限

物相分析有一些需要注意的事项，主要包括：

（1）物相分析不是做元素分析，而是元素凝聚状态的结构分析；

（2）物相分析可以区别化合物的同素异构态，比如同样是碳元素，可以通过物相分析区分出石墨和金刚石；

（3）应该充分了解样品的来源、化学成分、物理特性等，将其作为物相分析的重要参考和判断依据；

（4）可以配合其他方法，如电子显微镜、物理或化学等方法综合地进行判定；

（5）低角度区域的衍射数据比高角度区域的数据重要；

（6）面间距 d 值的数据比相对强度的数据重要；

（7）在混合多相的样品进行分析时，往往不能一次就将所有衍射线都能核对上，需要煮茧剥丝式地多步检索和分析。

此外，X 射线物相定性分析也存在一定的局限性。主要包括以下几个方面：

（1）样品必须是结晶态的，对于气体、液体、非晶等物质，不会产生测试信号，所以这些物质不能用 X 射线衍射作物相分析；

（2）当样品的结晶性不太好，衍射的 X 射线强度很弱，在这种情况下做物相分析和实际情况具有较大的偏差；

（3）X 射线物相分析具有检测极限，检出的极限量一般为 1% 左右，对于微量的混合物难以检出其是否存在；

（4）PDF 库是一个不断更新的数据库，对于在 PDF 库里找不到与之匹配的卡片，有可能所测试的样品是一种新结构，这时候 PDF 库就无法提供最新的信息进行与之匹配。

物相检索看似是一个简单的工作，但实际上欲达到物相检索准确的目的，也需要日积月累。一方面需要做大量的练习和实践，以提高检索的能力；另一方面要结合自己样品已知的各种信息，进行综合而又合理的判断。在物相检索的过程之中，需要合理地利用 S/M（检索/匹配）的各种筛选条件，比如可以通过晶胞参数进行筛选，或者使用化学计量法进行筛选等，这样可以使得物相检索的结果更接近于样品的真实情况。

黄继武教授在《多晶材料 X 射线衍射》中提到判断一种物相是否存在，必须要满足三个条件。

（1）PDF 卡片中的峰位置与测量谱的峰位置能够匹配。即便是三强线对应得非常好，但如果有另一条较强的峰线的位置明显没有出现衍射峰，这时候也不能确定存在该物相。

（2）PDF 卡片的峰强比（I/I_0）与样品的峰强比（I/I_0）要大致相同。当然也要考虑到制样过程或者测试过程中存在的择优取向而导致峰强比（I/I_0）产生变化的情况。

（3）检索出来的物相包含的元素在样品之中必须存在，这样才能和样品的真实信息相吻合。

综合来说，可靠的做法就是在元素分析已知的基础上再做结构分析或者物相分析。

6.5　粉末样品的平均晶粒尺寸

从材料的尺寸与性能之间的关系来说，晶粒尺寸也是材料科学特别关注的地方。对纳米材料而言，比如量子点材料，材料的尺寸和性能之间的关系非常紧密，所以表征材料的尺寸是材料研究中的一个重要的方面。通过 X 射线衍射数据可以获得样品的晶粒尺寸等相关信息。通过计算粉体的平均晶粒尺寸可以提供一种非直接性的材料尺度方面的证据，能与尺寸表征的直接方法比如 TEM 相互对照，相互佐证。

粉末样品的平均晶粒尺寸（D_{hkl}）是通过谢乐公式（Scherrer equation）进行计算的，其表达式如下：

$$D_{hkl} = \frac{k\lambda}{\beta\cos\theta} \tag{6-1}$$

式中，λ 是 X 射线波长；β 为所测试的衍射峰的宽度；k 是系数。

β 通常采用半峰宽，单位为弧度。可以看出 β 与垂直于（hkl）面的晶体尺寸 D_{hkl} 成反比。微纳晶粒往往导致衍射峰线的变宽，同时也要注意其他缺陷也可能导致峰值宽度的增加，处理问题的时候，需要具体问题具体分析。

JADE 软件提供一种非常便捷的平均晶粒尺寸计算模块，其数学算法是基于谢乐公式，具体的操作可以通过图 6-24 的"渲染图峰线"命令行或"峰拟合"进行。

在进行谢乐公式计算的时候，建议选取独立的峰进行计算，对于多个衍射峰交合在一起的宽峰选择的时候需要谨慎。可以用鼠标的左键在选择的衍射峰的下面拖动选择，所选择的衍射峰就会被用粉色渲染出来，如图 6-25 所示。与此同时，渲染图峰线所计算的结果也会显示出来，以红色的字体显示，展示的信息包括峰矩心 2θ 位置、峰矩心的 d 值、起始 2θ 的角度、终止 2θ 的角度，以及峰的面积、峰高、半峰宽和相应的晶粒尺寸等结果。本例所选择的衍射峰的

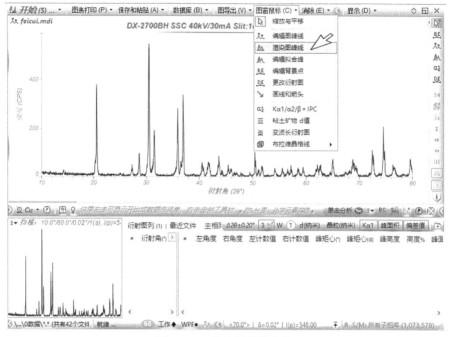

图 6 - 24　渲染图峰线命令

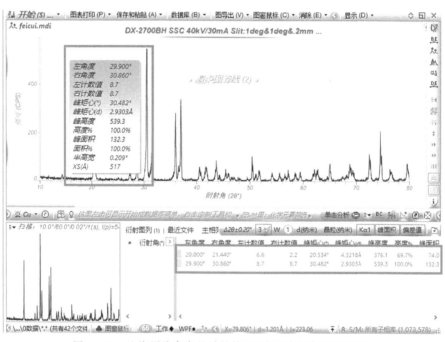

图 6 - 25　渲染图峰命令的计算结果(彩图请扫章后二维码)

峰矩心在 30.482°,这个衍射峰计算出来的晶粒尺寸为 517 Å,即 51.7 nm。

选用不同的衍射峰,经过染峰命令所计算出来的晶粒尺寸会有所不同(见图 6 - 26),通常的做法就是选择多个衍射峰进行晶粒尺寸的计算,然后将这些晶粒尺寸的计算值进行平均化。

需要说明的是粉末 X 射线衍射计算粉体的平均晶粒尺寸主要基于谢乐公式,而谢乐公式

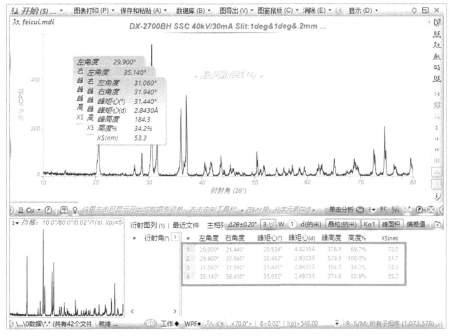

图 6-26　选择不同峰的输出结果

具有一定的适用范围。对于平均晶粒尺寸在 100 nm 以内的样品是适用的,所以在研究纳米材料时谢乐公式具有较高的参考价值。

习　题

1. 物相分析的原理是什么?

2. 简述物相分析的三个基本过程。

3. X 射线衍射数据的横坐标和纵坐标反映了所测试样品的哪些信息?

4. ICDD 的 PDF 库子库包括哪些?

5. 简述一张 PDF 卡片涵盖哪些方面的信息?

6. 名词解释:物相、Powder Diffraction File(PDF)、JCPDS 卡片、选区电子衍射、背散射电子衍射、德拜环。

7. 多晶材料的德拜衍射环与晶粒尺寸之间关系是什么?

8. 物相分析注意的事项有哪些?

9. 物相定性分析的局限性是什么?

10. 判断一种物相是否存在,至少满足哪三个条件?

11. 简述谢乐公式的内容。

扫码看彩图

第7章　粉末中不同物相的含量

测试的粉体材料,在很多情况下并不是只有一个物相的纯相。大多数样品总是存在其他物相或者杂质相。如果想要了解不同物相存在的实际含量,就涉及通过粉末 X 射线衍射计算不同物相的相对含量。利用粉末 X 射线衍射数据获得粉体中各种物相的含量,是粉末 X 射线衍射技术非常实用的一个方面。这个技术目前已经广泛应用于材料、矿物学、医药、化工等各个领域,而且发挥着越来越重要的作用。

7.1　粉末 X 射线衍射计算物相含量的基本理论

对于含有多个物相的样品,表示其存在不同物相的含量通常采用两种方法,一种是体积分数,另一种是质量分数。两种含量分数在本质上是等价的,可以进行转换。不同物相含量的分析是基于前面章节所述的 X 射线的强度理论。一种物相的某个衍射晶面(HKL)峰强度与该物相在 X 射线照射的体积存在下面的关系。

$$I_{HKL} = C\left(\frac{F_{HKL}^2}{V_0^2} P_{HKL} \frac{1 + \cos^2 2\theta}{\sin^2 \theta \cos\theta} e^{-2M}\right) \frac{1}{2\mu} V \tag{7-1}$$

式中,C 是常数;F_{HKL} 是结构因子;V_0 是单胞的体积;P_{HKL} 是多重因子;e^{-2M} 是温度因子;$\frac{1 + \cos^2 2\theta}{\sin^2 \theta \cos\theta}$ 是洛伦兹-偏振因子;μ 是样品的吸收系数;V 是 X 射线照射到样品中体积。

根据前面的章节可知,$C = \frac{1}{32\pi R} I_0 \frac{e^4}{m^2 C^4} \lambda^3$,和仪器的参数相关;可以将式(7-1)小括号里面包括的内容定义为 K,表示如下。

$$K = \frac{F_{HKL}^2}{V_0^2} P_{HKL} \frac{1 + \cos^2 2\theta}{\sin^2 \theta \cos\theta} e^{-2M} \tag{7-2}$$

可见 K 与物相自身具有密切的关系,体现出结构因子、单胞的体积、多重因子、温度因子、洛伦兹-偏振因子等因素综合的贡献。对于一个含有多个物相混合物的样品而言,某一个物相 i 在混合物相中所占的体积分数与这个物相 i 的衍射强度具有如下的数学关系:

$$I_i = CK_i \frac{1}{2\mu} V_i \tag{7-3}$$

某个晶面〈HKL〉衍射强度与样品被照射体积成正比,与线吸收系数成反比。如果混合物相对 X 射线的质量吸收系数为 μ_m,那么物相 i 的质量吸收系数为 μ_{mi},其在混合物相占的质量百分含量为 W_i。混合物相样品的吸收系数就可以表达成下式:

$$\mu = \rho\mu_m = \rho \sum_{i=1}^{n} \omega_i (\mu_{mi}) \tag{7-4}$$

物相 i 的衍射强度和其体积百分含量之间的关系：

$$I_i = CK_i \frac{V_i}{2\rho \sum_{i=1}^{n} \omega_i (\mu_{mi})} \tag{7-5}$$

同样地，物相 i 的衍射强度和其质量百分含量之间的关系：

$$I_i = CK_i \frac{\omega_i}{2\rho_i \sum_{i=1}^{n} \omega_i (\mu_{mi})} \tag{7-6}$$

为使问题变得简单，混合物相最简单的情况就是里面只含有两种物相 i 和 j，这时候上述的公式就可以简化为下面的公式。

$$\frac{I_j}{I_i} = \frac{K_j\rho_j}{K_i\rho_i} \times \frac{\omega_j}{\omega_i} \tag{7-7}$$

当两种物相以相同的质量混合的时候，$\omega_i = \omega_j$，式（7-7）就可以继续简化为：

$$\frac{I_j}{I_i} = \frac{K_j\rho_j}{K_i\rho_i} \equiv R_i^j \tag{7-8}$$

根据上式的定义，当两种物相的质量相等时，R_i^j 为两种物相的强度比。这样就可以统一选用一种物质作为标准（物相 i），通常采用刚玉（氧化铝）。在测定 PDF 卡片时，可以将待测的样品和刚玉按照质量 1∶1 的比例混合进行测试。R_i^j 就变为混合物相衍射强度和标准物相刚玉的最强峰的衍射积分强度比值，称为参比强度，在 PDF 的卡片上通常表示为 RIR（Reference Intensity Ratio）。如果粉末样品不存在非晶物质，含有的物相为 n 个，那么第 j 个物相的质量分数为

$$\omega_j = \frac{I_j\omega_j}{I_iR_i^j} (j = 1,2,\cdots,n) \tag{7-9}$$

由于所有的物相的质量总百分比为 100%，采用 PDF 卡片上的 RIR 值进行混合物中物相的相对含量计算，那么可以获得任意物相的质量分数为

$$W_j = \frac{I_j}{R_i^j \sum_{i=1}^{n} \frac{I_j}{R_i^j}} \tag{7-10}$$

上面物相的相对含量计算的 RIR 方法也称作 K 值法。在 JADE 软件采用 K 值法一般需要下面几个的步骤：

（1）测试混合物相的粉末衍射图谱；

（2）进行物相分析与鉴定；

（3）每个物相选取一个或几个独立的衍射峰（最好为三强线）计算其积分强度；

（4）通过 PDF 卡片查找每个物相的 RIR 数值；

（5）根据式（7-10）计算出每个物相的相对含量。

7.2　K 值法计算物相的相对含量

某一轻工企业获得一种粉体，需要帮助企业分析其中所含的物相，以及各个物相的含量。

首先通过元素分析发现该样品含有 Si、O 等主要元素,同时也测试获得含有一些微量元素,包括 Fe 等。为了帮助企业分析样品所含的物相以及各个物相的含量,我们通过 RIR 方法来解决这个问题。

首先通过粉末衍射仪器获得衍射测试数据。在这里采用丹东浩元仪器有限公司生产的 DX－2700BH 型的衍射仪进行测试,测试条件:X 射线源自铜靶,加速电压 40 kV,管电流 30 mA,2θ 范围 $10°\sim80°$。图 7－1 显示了所测试的粉体谱图,可以看出所测试的结果的数据质量较高,对分析各个物相含量的准确度将会很有帮助。

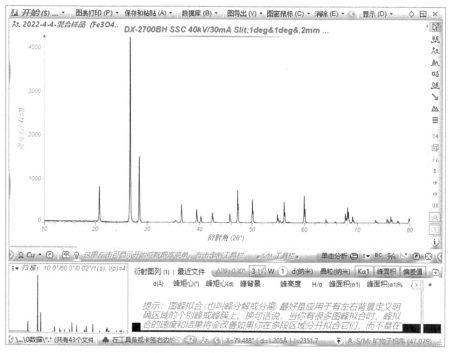

图 7－1　混合物相的衍射谱图

在获得混合物相衍射数据的基础之上,首先根据前面所学到的知识从 ICDD 包含的 PDF 数据库检索出每一个物相。如图 7－2 所示,通过物相检索可知混合粉末样品中的主相为二氧化硅,即石英。由于使用 RIR 方法进行相对含量的计算,所以在进行物相检索时,选择物相的时候要注意每个物相的 K 值。PDF－4 库里面数据质量较高,可以直接调用。

确认了主相之后,接着寻找次相,利用前面所做的元素分析结果作为参考,选用元素限定的方法寻找次相。如图 7－3 所示,通过检索发现次要相和立方硅非常吻合,结合元素分析结果可以判定为立方晶硅。主相在图 7－3 中用蓝色的线条表示,次要相衍射谱线是绿色,通过不同的颜色选取很容易区分出主相和次要相。

除了主相和次相之外,其他的少量相的强度比较低,这时候纵坐标的显示模式可以采用开根方的模式,即衍射强度使用方根的数值,使得强度较低的峰具有较明显的显示效果,直接用鼠标点击纵坐标的强度,JADE Pro 8.7 直接将计数强度值转换为平方根数值,如图 7－4 所示。

另外也可以将衍射强度采用对数的模式,如图 7－5 所示,使得强度较低的峰也具有更明显的显示效果。这样通过元素的限制条件就可以检测出样品中的第三物相是四氧化三铁(Fe_3O_4)相,通过 PDF 卡片可以知道它也是立方相。

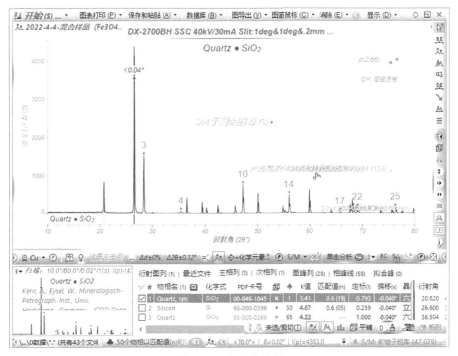

图 7-2　主相的检索

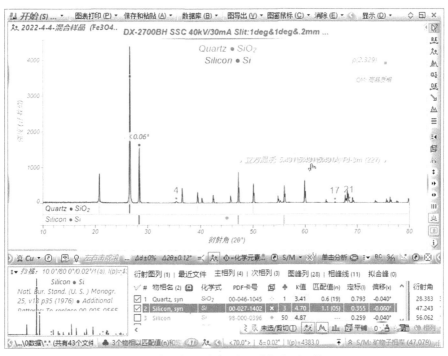

图 7-3　次要相的检索（彩图请扫章后二维码）

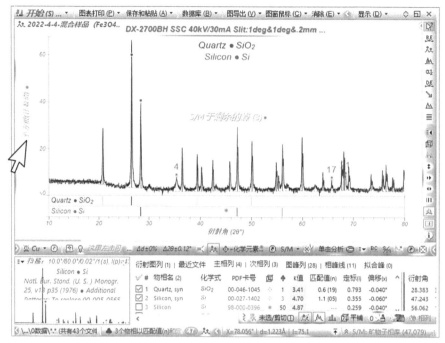

图 7-4 衍射方根强度进行显示

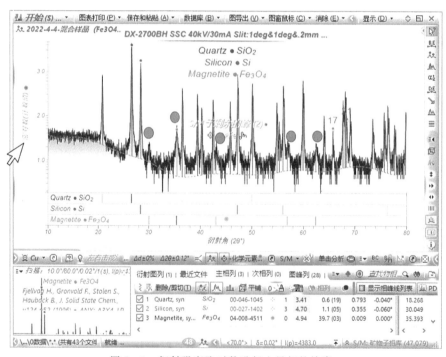

图 7-5 衍射强度取对数进行少量相的检索

通过以上的检索和分析,可知所测试的样品中包含三种物相,分别是石英相的二氧化硅(SiO_2),立方硅(Si)相和四氧化三铁(Fe_3O_4)相。如图 7-6 所示,三种物相 PDF 号在 JADE 中会以不同的颜色进行标记。

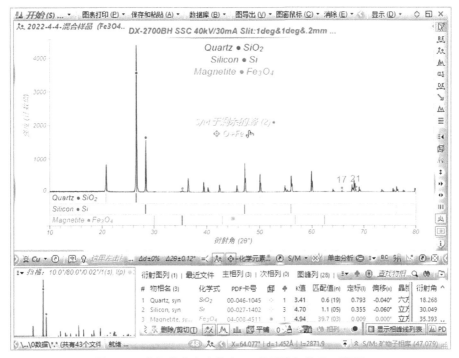

图 7 - 6 物相检索完成的窗口(彩图请扫章后二维码)

可以选择命令栏对每个物相的衍射晶面进行相应的标注,如图 7 - 7 所示。这样就容易地区分出每一种物相最强峰的衍射晶面,为后面最强峰的选择和拟合以及含量计算提供方便。

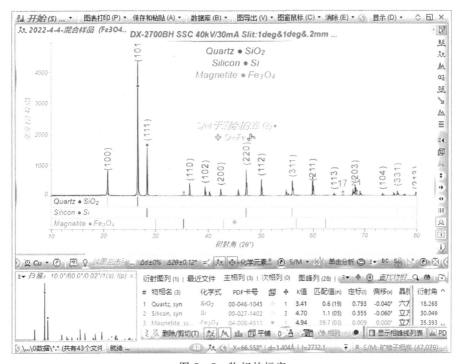

图 7 - 7 物相的标定

也可以对物相名称进行相应标注。如图 7-8 所示,三种物相分别被标注成相应的英文名称:Quartz、Silicon、Magnetite。

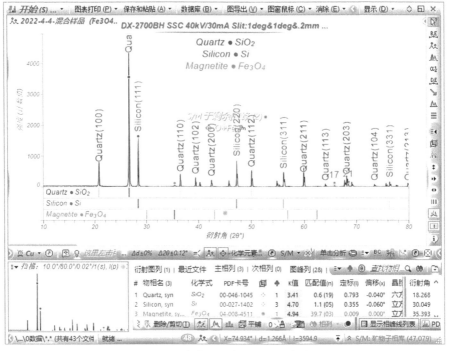

图 7-8　各物相的名称和晶面标注

从图 7-9 可知,对于所测试样品而言,主相、次相以及第三相的三个主要衍射峰,分别是石英相 SiO_2 的(101)晶面,Si 结构相(111)和 Fe_3O_4 相的(311)。

选择 SiO_2 的(101)晶面作为其物相的最强峰,Si 的(111)作为其物相的最强峰,Fe_3O_4 的(311)作为其物相的最强峰。可以用鼠标选择拖动三个物相最强峰的范围,选择"编辑拟合峰"命令,如图 7-10 所示。在需要拟合的衍射峰用鼠标点击选中。拟合函数的选择有四种,分别包括仿 Voigt 函数、皮尔逊 Ⅶ 函数、FCJ 模型、分割皮尔逊 Ⅶ 函数。本例选择仿 Voigt 函数,采用线性图背景。然后单击"拟合"按钮,三个物相的最强峰的拟合开始工作。

拟合的结果显示在窗口的右下部分。通过拟合线(暗红色),可以看出拟合的数据很吻合,说明拟合的结果是可靠的。如图 7-10 所示,拟合的数据里面包含了每一个物相最强峰的位置,强度以及面积,而这些参数是随后做定量分析的基础。

为了计算各个物相的含量,单击"K 值法"命令。用拟合分离的结果做定量分析。对于本例的三个物相而言,它们的 K 值、密度、吸收系数、质量百分数,以及体积百分数均显示出来,如图 7-11 所示。

此时可用鼠标左键单击"Wt%图示",就会出现每个物相的质量百分含量,这里选择质量含量的直方图进行表示。可知石英的质量含量为 78.4%,硅的质量含量为 19.9%,四氧化三铁物相的质量含量为 1.8%。也可以使用"饼形图"对于每个物相的质量含量进行表示,其本质是一样的。

一般而言,"K 值法"采用每个物相最强峰的面积计算其质量百分比含量,如果所用的

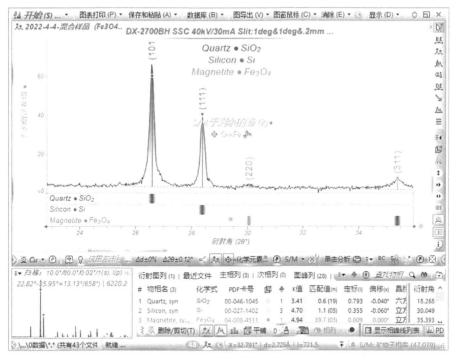

图 7-9　各物相的最强峰

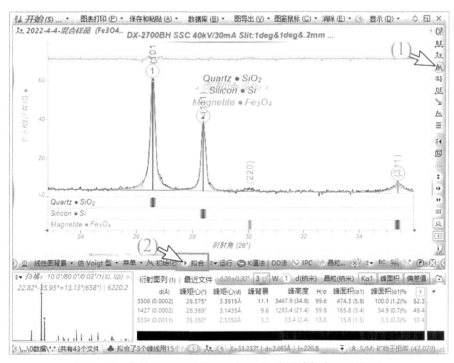

图 7-10　各物相最强峰值的数据拟合（彩图请扫章后二维码）

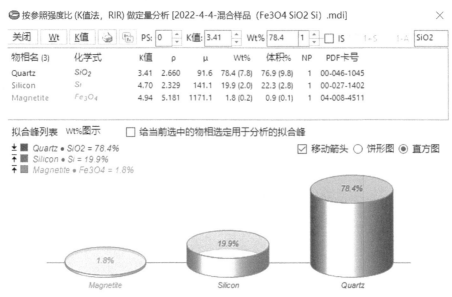

图 7-11 物相的质量含量的直方图

JADE 带有"全谱拟合与精修"模块功能,采用全谱拟合与精修计算每个物相的质量百分比含量也是非常可靠的做法,读者可自行练习一番。

习　题

1. 简述粉末 X 射线衍射计算物相含量的基本理论。
2. K 值法计算物相的相对含量一般需要哪些步骤?
3. 什么是 X 射线衍射数据的参比强度?
4. 名词解释:K 值法。
5. 参比强度测试的时候,采用什么作为标准物相?其质量含量是多少?

扫码看彩图

第 8 章　粉末 X 射线衍射的结构精修及 GSAS 简介

8.1　结构精修与 Rietveld 全谱拟合

粉末 X 射线衍射结构精修是分析粉末 X 射线衍射数据的高级手段。在获得高质量的 X 射线衍射数据基础之上,通过全谱拟合的精修方式,可以获得样品以下重要的信息:

(1)晶体结构的确定和修正;

(2)点阵常数;

(3)物相定量分析,混合样品中的每个物相的含量;

(4)键长/键角信息;

(5)应力/应变情况;

(6)样品取向以及极图分析等。

结构精修是 1967 年荷兰科学家 Hugo Rietveld(1932—2016 年)提出的一种全新的数据处理方法,它是基于一种全谱拟合方法的思路。它开始被用于处理中子衍射数据,随着人们对于这种全谱拟合方法认识程度的提高,全谱拟合方法也移植到 XRD 衍射数据处理上,称之为 Rietveld 全谱拟合方法,或者 Rietveld 精修。这种全谱拟合的基本思路就是通过某种晶体结构模型和结构参数,以及峰形函数来计算衍射图谱,然后将其和所测定的衍射峰形数据进行匹配,通过调整各个参数来改变计算衍射图谱,使计算衍射图谱和实际测试的衍射数据进行最佳的匹配。由此可见,Rietveld 精修过程是一个动态修整的过程,也就是所设定的结构模型和实验数据的一个动态吻合的过程。结构模型和实验数据之间的差异程度,通常使用最小二乘法来衡量。

Rietveld 精修参数里面涵盖了晶格参数(lattice parameters)、峰形函数(peak profile)、零点漂移(zero shift)、择优取向(preferred orientation)、温度因子(thermal factor)、原子位置(atom position)、不对称性(asymmetry)等重要结构信息,所以 Rietveld 精修的结果也包含了上述各类参数的重要信息,从而可以帮助我们从所测试的衍射数据中准确地提取出样品的晶格参数、不对称性、择优取向、温度因子、原子位置、键长等信息,Rietveld 精修是材料学科研究中一个非常有利的工具。

精修结果的优劣可以通过一系列精修参数进行衡量和描述。假定 Y_{oi} 是数据点(i)的测试值,Y_{ci} 是数据点 i 的理论计算值,W_i 是数据点(i)的统计权重,根据最小二乘法获得误差函数

M 的数值,其表达式如下:

$$M = \sum W_i (Y_{oi} - Y_{ci})^2 \qquad (8-1)$$

误差函数 M 的数值越小,表明测试值与理论计算值越接近。此外,精修结果优劣与否,还可以通过下面的函数进行衡量,分别表示如下:

峰形拟合因子(R_p,Profile factor):

$$R_p = \frac{\sum |Y_{io} - Y_{ic}|}{\sum Y_{io}} \qquad (8-2)$$

权重拟合因子(R_{wp},Weight profile factor):

$$R_{wp} = \sqrt{\frac{\sum w_i (Y_{io} - Y_{ic})^2}{\sum w_i Y_{io}}} \qquad (8-3)$$

期望因子(R_{exp},Expected weight profile factor):

$$R_{exp} = \sqrt{\frac{N-P}{\sum w_i Y_{io}}} \qquad (8-4)$$

优度因子 Gof F(Goodness of fit indicator),有时候也使用 χ^2 来表示:

$$Gof\,F = \left(\frac{R_{wp}}{R_{exp}}\right)^2 = \frac{\sum w_i (Y_{io} - Y_{ic})^2}{N-P} \qquad (8-5)$$

布拉格因子 R_B(Bragg factor):

$$R_B = \frac{\sum |I_{ko} - I_{kc}|}{\sum I_{ko}} \qquad (8-6)$$

一般 Rietveld 精修采用非线性最小二乘法求算 R_{wp} 的极小值,该值越小越好,一般 R_{wp} 要修到 10% 左右,有时候 15% 左右也可以接受。

8.2 综合结构分析系统——GSAS

能够进行全谱拟合或者说 X 射线衍射精修的专业软件较多,如 MDI JADE 自身就携带 XRD 全谱拟合的精修功能。除此之外,还有一些常见的软件,包括一些免费或开源的,如 GSAS、Fullprof、Maud、TOPAS、Rietan、Brass 等。在这些软件之中,GSAS 是一款专业性很强的软件,而且是开源免费的。在处理中子衍射和常规的 X 射线衍射数据方面,显示出非常强大的功能,其处理结果受到很多学术期刊的青睐。

GSAS(General Structure Analysis System)中文翻译为"综合结构分析系统",是由 Allen C. Larson 和 Robert B. Von Dreele 建立的,目前已经成为在衍射数据(包括中子衍射)处理方面的典型代表。GSAS 可以运行于 Windows 系统、Linux 系统及 Mac 系统。值得一提的是,其操作界面已经从以前的 DOS 操作状态变为图形化操作状态(EXPGUI),操作界面变得更为友好。GSAS 软件不仅可以处理中子衍射,也可以精修常规的 X 射线衍射数据/同步辐射数据。

GSAS 软件可通过其官方网站下载,如图 8-1 所示。

通过笔者的测试,上面所提供的资源有时候下载并不流畅。在这种情况下,建议使用如图 8-2 所示网站进行下载及保存(通过验证可以下载使用)。

图 8 - 1　下载 GSAS 软件页面

Index of /downloads/gsas/windows

Icon	Name	Last modified	Size	Description
[PARENTDIR]	Parent Directory		—	
[ ]	gsas+expgui.exe	2009-08-31 14:22	13M	
[ ]	gsas+expgui_win.zip	2012-08-14 16:45	31M	
[ ]	gsas+expgui_win V985..>	2010-04-16 17:24	14M	
[ ]	gsas+expgui_win V993..>	2010-08-17 12:02	14M	
[ ]	gsas+expgui_win V103..>	2010-10-27 21:26	14M	
[ ]	gsas+expgui_win V118..>	2011-12-09 18:56	31M	
[ ]	gsas+expgui_win V120..>	2012-08-14 16:45	31M	
[ ]	gsas+expgui_win sand..>	2011-07-07 11:05	14M	
[ ]	gsas+expgui_win sand..>	2011-07-26 18:43	31M	
[ ]	gsaskit.exe	2009-08-31 14:05	12M	

图 8 - 2　经测试后的 GSAS 软件下载页面

在下载过程中,如果使用的操作系统是 Windows,建议下载"gsas＋expgui_win. zip"压缩包。下载完成之后,解压即可直接使用,不用进行其他的安装步骤,整个过程非常简便。解压之后,会出现如图 8-3 所示的页面。需要注意的是这些文件和文件夹是一种免安装程序,可以直接使用这些可执行文件,通过双击即可实现程序的启动和使用。

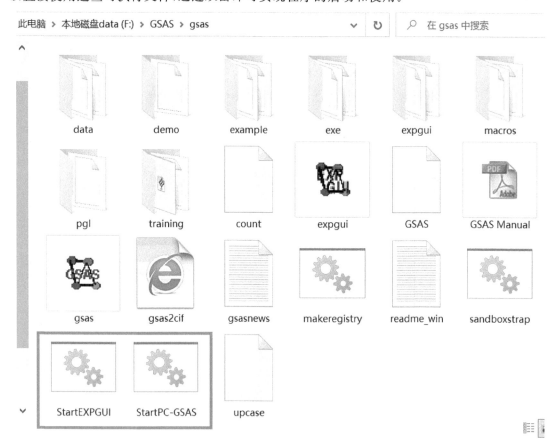

图 8-3　解压安装软件包

具体来讲,解压包通过解压之后在解压的文件夹里存在三种可执行的文档。其中的两个常用的可执行程序分别是"StartPC-GSAS"和"StartEXPGUI"。其中"StartPC-GSAS"是"PC-GSAS"的 DOS 版本,也是 GSAS 的老版本,操作过程比较烦琐。"StartEXPGUI"是"EX-PGUI"程序的启动图标,对"PC-GSAS"程序进行了改进与升级,具有图形化的操作界面,操作过程友好,更具有人性化等优点。

如图 8-4 所示,显示了 PC-GSAS 程序的启动界面。其操作后台就是 DOS 操作界面,需要通过键盘进行输入。由于其格式比较呆板,新手操作起来往往感到很别扭,常常碰到在操作过程中难以为继的情况。

还可用鼠标的左键双击"StartEXPGUI"按钮,出现启动界面(见图 8-5)。之后的精修过程可以通过该界面一步一步进行操作,而实际的精修计算过程是通过后台的 DOS 操作系统所进行的。EXPGUI 提供了一个非常友好的用户操作界面,下一个章节将对具体的操作过程和注意事项做进一步的介绍。

图 8 - 4　启动 PC-GSAS 程序的界面

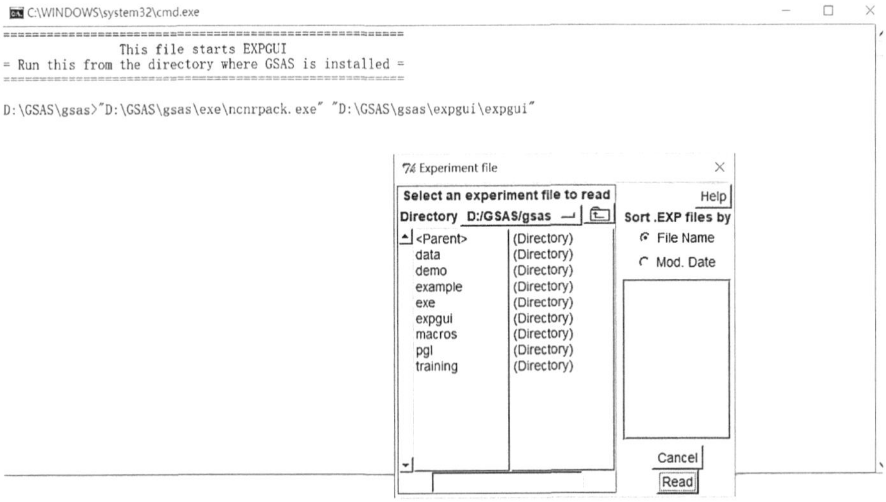

图 8 - 5　程序 EXPGUI 的启动界面

习　题

1. 全谱拟合的精修方式可以获得样品哪些重要的信息？

2. 简述 Rietveld 精修涵盖哪些参数？

3. 名词解释：Rietveld 精修、优度因子、权重拟合因子、峰形拟合因子、GSAS。

第9章 进行 GSAS 结构精修的准备

工欲善其事必先利其器,本章通过具体例子来说明在进行粉末 X 射线衍射精修之前,GSAS 程序需要做的准备工作。GSAS 程序精修前需要三种格式的文件:

(1)衍射数据,特别是高质量的衍射数据,因为高质量的数据采集是获得高质量精修结构的关键条件;

(2)结构相关的文件,即提供精修的结构模型;

(3)仪器参数相关的文件,即测试粉末衍射数据采集时所用的各种仪器参数。下面分别对这三类文件进行详细说明。

9.1 数据类型及其转换

虽然常规的物相检索对于 X 射线的强度要求并不高,但是要获得高质量的精修结果,就需要高质量的衍射数据作为支撑。可以根据经验判断所获得的衍射数据质量。如果其半高宽以上出现的衍射数据点大于五个,可以认为是高质量的衍射数据。另外也可以从衍射强度的绝对值来做一个经验的判断:所需要的强峰的衍射强度大于 5000。

常规的衍射仪所测试的数据,主要包括 2θ 值和衍射强度两列内容,其记录的文档格式是 txt 类型。但是,GSAS 程序无法识别 txt 文档,所以要将测试结果的 txt 文档转化为 GSAS 格式。目前可以完成这个数据转换工作的软件比较多,这里只介绍一种简便且常用的方法,CMPR 程序。读者可以在网上自行下载,如图 9-1 所示。

这个下载页面上提供了两种安装模式:Self-Updating Install 和 Static(non-updating)CMPR。本书以 Static(non-updating)CMPR 的安装为例进行说明。当下载"cmpr_win_static"压缩包完成之后,直接进行解压,会出现 cmpr 文件夹,如图 9-2 所示。

双击 cmpr 文件夹,打开之后可以看到其中包含很多文件。其中有一个是可执行文件"StartCMPR"。对"StartCMPR"图标通过鼠标的左键进行双击,即可开始启动 CMPR 程序(见图 9-3)。

CMPR 程序是一个功能非常强大的软件,包括了各种数据读取、数据转换、数据绘图、数据的拟合、晶面的指标化等。启动之后的 CMPR 程序界面如图 9-4 所示,在本章的例子中,以所测试的 LaB_6 粉体的衍射数据为例进行操作说明。首先用鼠标的左键单击 Read 进入到文件读取过程,如图 9-4 所示。其次选择所要读取的文件类型,因为在本章例子中所采用的数据是 txt 文档,共有两列数据,一列是记录 2θ 的数据,一列是记录每个 2θ 对应的衍射强度,所以我们选择选择 XY data(asc ii)格式。然后,找到存放衍射数据的目录路径。

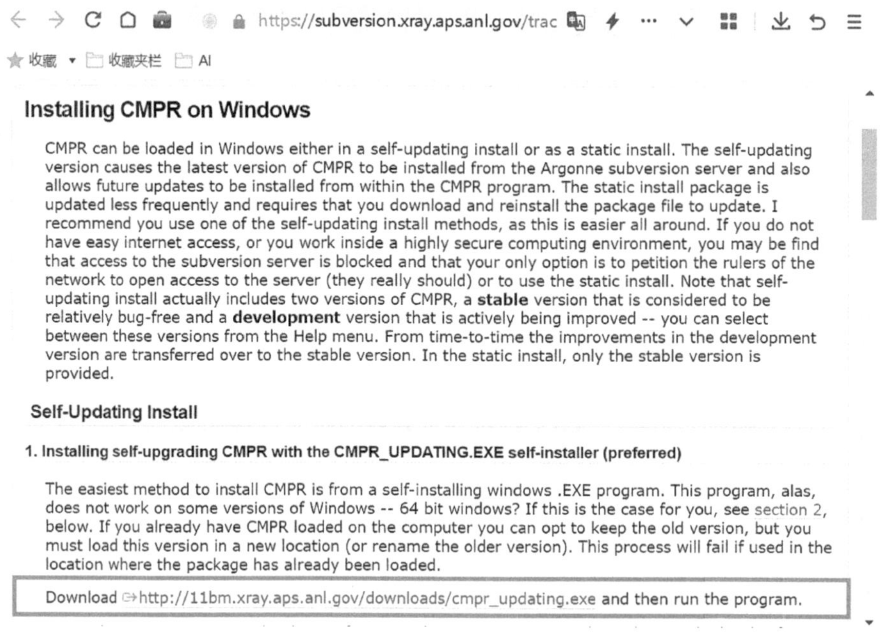

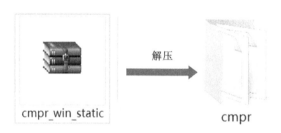

图 9 - 1　程序 CMPR 的下载页面

图 9 - 2　解压 CMPR 压缩包

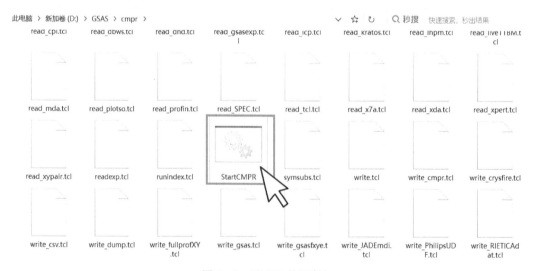

图 9 - 3　CMPR 的程序包

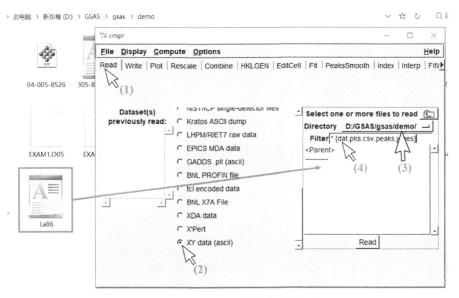

图 9 - 4　用 CMPR 读取测试的数据

在其下面 Filter 一列显示了所能读取的文件类型，可以发现这时软件暂时不能识别 txt 文档，而在 Filter 旁边出现了.dat，说明 dat 格式是系统可以识别的类型。由于采用丹东浩元仪器所测试的衍射数据是 txt 格式，而 XY data(asc ii)格式中可以识别的是 dat 格式，这时就需要先把衍射数据从 txt 文档变为 dat 格式。

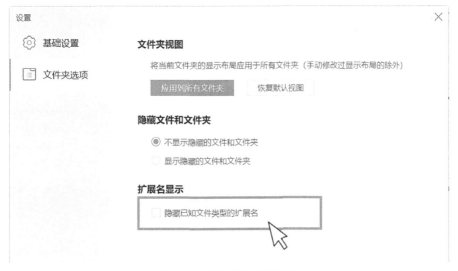

图 9 - 5　修改文件夹的属性

把衍射数据要从 txt 文档变为 dat 格式，通过修改文件夹属性即可完成。如图 9 - 5 所示，通过文件属性设置将文件的扩展名显示出来，可以看到如图 9 - 6 所示的 LaB6.txt 文件，右键单击文件，在弹出的快捷菜单中选择"重命名"命令，将 txt 直接修改为 dat，这时系统会问"如果改变文件扩展名可能会导致文件的不可用，确定要更改吗"，选择"是"，最终的结果如图 9 - 6

所示。如果用记事本将两个文档打开,它们都是两列数据,一列是属于 2θ 数据,一列是属于衍射强度。

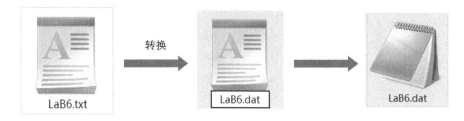

图 9-6　对 txt 文档进行格式转换

通过上述的转换操作,这时在程序中就可以看到 LaB6. dat 文件。用鼠标左键选择,然后单击 Read 按钮,所测试的衍射数据的图谱就会显示出来,如图 9-7 所示。

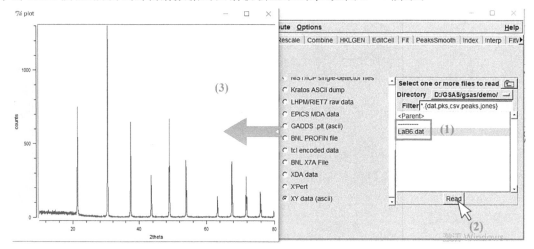

图 9-7　转换后的 dat 文档的读入

随后对所选用的数据进行下一步的格式转化,即把 dat 文档格式转变为 gsas 文档格式。如图 9-8 所示,选择 Write 命令,然后使用鼠标选择要转换的原数据文档 LaB6. dat,选择目标文件需要保存的路径。之后在文件格式中选中 Simple gsas with esds(. gsas)单选按钮。单击 Write Selected datasets 按钮即可完成 gsas 格式的转换。

回到了刚才所选择的路径目录文件,如图 9-9 所示。会发现在这个文件夹里多了一个新的数据文件 LaB6. gsas。这也标志着完成了一系列从 LaB6. txt 到 LaB6. dat,然后到 LaB6. gsas 的格式转换。

LaB6. dat 和 LaB6. gsas 格式文档都可以通过记事本程序打开查看,如图 9-10 所示。很明显 LaB6. dat 是两列数据,LaB6. gsas 是多列数据,是专门针对 GSAS 程序使用的一种数据类型。

通过以上的操作,就可以得到 GSAS 软件所需要的 gsas 数据格式,为下一步的工作做了准备。

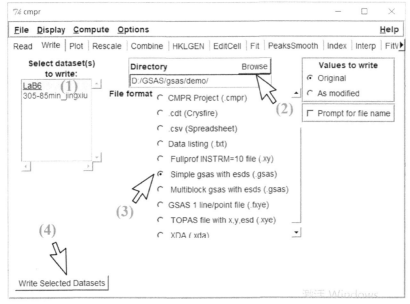

图 9-8　进行 GSAS 格式转换

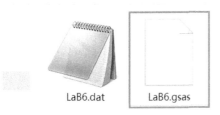

图 9-9　格式转化后的 gsas 文档

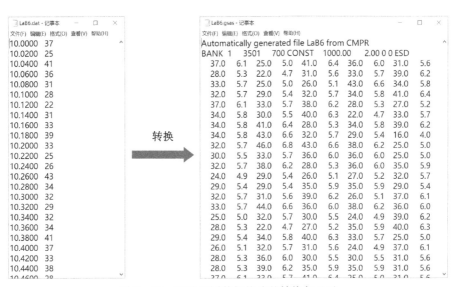

图 9-10　两种不同数据格式的转换与显示

9.2 CIF 结构文档

晶体学信息文件(CIF)是记录物相晶体学结构的文件类型,它是进行精修工作所需要的结构模型。精修的过程其实就是通过晶体结构的模型进行模拟与计算,不断加入不同的参数,进行迭代计算,GSAS 软件调整所引入的不同参数的数值,使得计算结果尽可能接近或者达到所测试数据的每个点。实际上,计算的结果和测试数据之间不可能百分之百吻合,其吻合的程度在数学上用最小二乘法来衡量。在实际的操作过程中,可以用一系列指标来表示,比如优度因子(χ^2),权重拟合因子(R_{wp})等。

CIF 文件含有物相结构的各种信息,包括晶格常数、空间群、晶胞角度参数、每个原子的坐标位置、原子的占位、温度因子等。CIF 文件是进行结构精修的核心文件之一。获取 CIF 文件可以利用前面章节所讲述的 JADE 应用软件进行操作。比如可以使用 JADE 软件进行物相检索,完成物相检索之后,会看到所选用的 PDF 卡片出现了空间群以及晶胞参数等信息,如图 9-11 所示。对于六硼化镧这种物相而言,它的空间群为 $Pm-3m$,空间群是排序号为 221。根据空间群知识可知,它是一个立方结构,其晶格常数 a、b、c 相等,即 $a=b=c$,都是 4.157 Å。

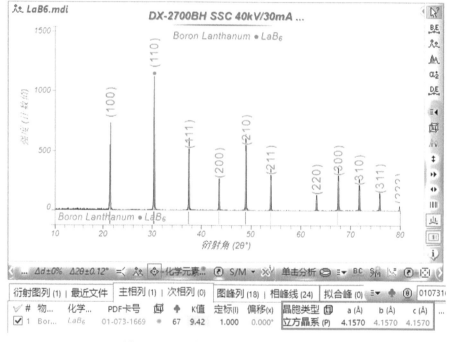

图 9-11 通过 JADE 软件进行物相检索

JADE 不仅可以进行物相检索,还提供了高质量的 CIF 文件。本章以 JADE Pro 8.7 为例,说明如何获取 LaB_6 物相的 CIF 文件。在上一步物相检索的基础上,选择 PDF 号为 01-073-1669 的物相,随后用鼠标双击物相名或者其化学式,打开 01-073-1669 卡片的物相信息,如图 9-12 所示,然后单击保存按钮。

打开保存窗口,如图 9-13 所示,JADE 在文件保存类型有两种选择,一种是 JADE 物相数据文件类型,另一种就是晶体学信息文件,即 CIF 文档格式。选择"晶体学信息文件(* . cif)"

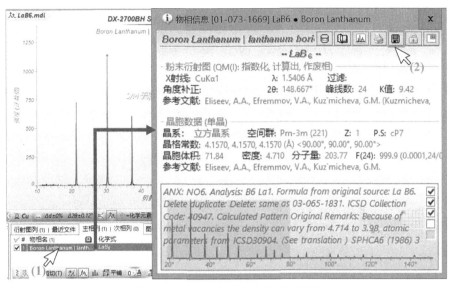

图 9 - 12　利用 JADE 进行 CIF 保存

选项保存即可。

图 9 - 13　选择 CIF 保存格式

　　上一步保存的 CIF 文档可以通过晶体结构程序打开,展现可视化的三维结构,如图 9 - 14 所示。可以看到六硼化镧是一个立方结构,其晶格常数 $a=b=c$。另外,在第 6 章(见图 6 - 20)提到过另外一种通过"计算与模拟 X 射线粉末衍射图"获得 CIF 文件的方法,在此就不赘述。

　　除了 JADE 能提供高质量的 CIF 文件外,目前获取 CIF 文件的途径还有两种。一种是商

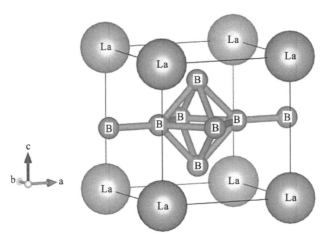

图 9 - 14　获得的 CIF 文件的可视化图像

业化的晶体结构软件,包括 Findit 等软件。如果获得 Findit 软件授权,点击快捷图标🐾,在搜索界面上可以通过元素来查找 CIF 文档。依次选用元素 La 和 B,然后在元素数目选项中输入2,表示 Findit 软件要寻找的 CIF 文档只包含了两种元素。然后单击 Search 按钮。在搜索结果页面上,可以看到 La 和 B 两个元素之间形成了很多种化合物相。对照前面 JADE 检索的结果,找到结构参数比较吻合的条目。用鼠标左键在前面的小括号单击,会出现一个对勾,单击可视化的菜单命令。左键选择 File 命令,在其下拉菜单中选择 Export CIF 选项,然后选择需要存放的文件路径,进行保存。本章使用 LaB6. cif 作为这个 CIF 文档的文件名。

　　除了使用商业化的晶体结构 Findit 软件之外,还有另一种方法是通过晶体结构网站进行查询,有些晶体结构数据库是免费的,比如晶体开放数据库(Crystallography Open Database,COD)就是其中一款服务网站。当打开 COD 晶体结构网站之后就可以看到,目前已经收录了487321 种信息,具有 3000358 个结构信息。由于它是一个提供免费服务的网站,所以在网页的下端有捐赠/资助的链接。如图 9 - 15 所示,在 COD 晶体结构网站的左边可以看到检索按

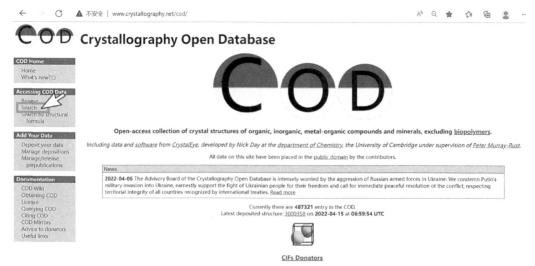

图 9 - 15　提供 CIF 文档的 COD 网站

钮,点击 Search,就会出现不同的约束条件的输入,以便提高检索的速度与效率。检索的结果显示符合条件的 CIF 文档往往不止一种,找到和前面 JADE 检索结果最为吻合的 CIF 文档之后,就可以直接保存下来。

9.3 仪器参数文档

除了高质量衍射数据、晶体学结构 CIF 文档之外,还需要有一个包含仪器参数的文档。其实 GSAS 软件自身所携带的文件夹中就有仪器参数文档(见图 9 - 16)。这个仪器参数文档有可能和我们实验室所采用的测试仪器参数有一些差别,可以通过后面的 GSAS 软件进行相应修改。

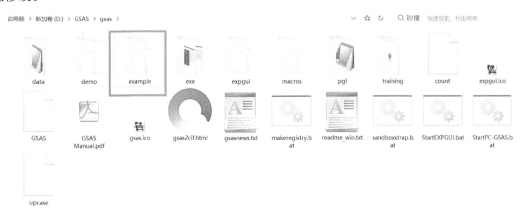

图 9 - 16 程序 GSAS 自带的案例文档

双击点开 example 文件夹,就会出现如图 9 - 17 所示的内容。其中 prm 格式的文档包含了测试仪器参数,每一个 prm 文档都包含相应的仪器采用的常规测试参数。example 文件夹包括了很多 prm 格式的文档,而且 prm 格式可以用 GSAS 程序识别和修改。对实验室所用的 X 射线衍射仪器而言,其中 inst_xry.prm 就是一个常规的衍射仪器参数文档,它里面所包含的测试仪器参数和大多数实验室所用的 X 射线衍射仪器接近。对于具体测试参数不同的情况,可以通过 GSAS 编辑修改,相关的细节将在后面具体讲解。

图 9 - 17 常规 X 射线衍射的仪器参数格式文件

到目前为止,我们获得了 GSAS 程序所需要的三种文件,它们分别是测试的衍射数据、精修所需要用到的晶体结构 CIF 文档,以及仪器参数文档。下面章节将以六硼化镧为例进行精修过程的实际演练。实际过程的操作因人而异,每一次运行的结果都可能会出现细微的差别,本案例仅仅是抛砖引玉,将结构精修中的一些典型的操作过程展示出来,精修实际上是一个需要不断练习,不断提高的过程。

习　题

1. GSAS 程序精修前需要哪三种格式的文件?
2. 什么是 CIF 文件?
3. CIF 文件包括物相哪些结构信息?
4. 简述获取 CIF 文件的三种方法。
5. 什么是晶体开放数据库?
6. X 射线衍射仪器测试参数一般是什么格式?

第 10 章 GSAS 精修的步骤与策略

上一章完成了 X 射线衍射数据精修的前期准备工作,本章将详细讲解 GSAS 软件进行常规 X 射线衍射数据精修的一般策略和具体操作。

10.1 衍射数据精修的策略

X 射线衍射数据精修过程就是输入各种变量或者参数,使得计算图谱和测试的 X 射线衍射数据达到最佳的吻合。从谱图的角度来看,所测试的 X 射线衍射谱图实际上包括了三个方面的内容(见图 10-1):峰的位置、峰的强度,以及峰的宽度。峰宽通常采用半高宽(FWHM)进行衡量。从数学角度而言,精修的过程就是从上述三个方面入手,使得计算图谱逐步接近测试图谱的过程。

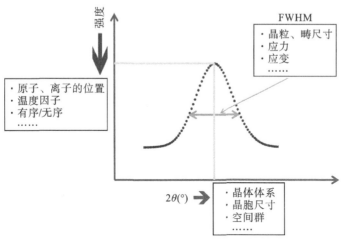

图 10-1 粉末 X 射线衍射谱图所包含的信息

峰位、峰强及峰宽包含了测试样品不同的信息量。峰位对应衍射谱图的横坐标 2θ 值,与测试样品的晶体体系相关,包含了晶胞尺寸、空间点群等结构方面的信息。峰强对应着衍射谱图的纵坐标,根据前面的衍射强度理论可知,峰强与原子或者离子的位置(结构因子等)、有序/无序程度、温度因子等相关。峰宽就是通常所说的峰的"胖瘦",与晶粒/畴尺寸、应力、应变等相关。

为了使得精修的过程尽快地收敛,需要对影响到峰位、峰强及峰宽的各种参数进行调节,尽可能使精修结果的权重拟合因子(R_{wp}),优度因子(χ^2)等数值减小到合理的范畴。从数学上来讲,精修的过程实际上就是对峰位、峰强及峰宽参数进行修正的过程,而各种精修软件实际上是提供了对这些参数的计算服务。由于峰位、峰强及峰宽所涉及参数的数目比较庞大,而且有些参数之间相互制约,消长关系相反,如果不采用合理的策略,往往会导致精修的结果出现发散,甚至精修过程出现崩溃导致精修工作无法进行下去。这也是初学者面对精修工作往往感到束手无策的原因,所以精修的策略是一个极其重要的方面。

GSAS 软件在精修过程中需要遵循一定的策略或者规律,才能使精修的工作效率获得极大的提高。但是,精修过程并没有一个刻板的标准步骤,水无常势,兵无常形,具体的做法也会因人而异,不必非得遵循死板的顺序。据笔者大量的实践,对精修过程总结如下所采用的策略和步骤,可以获得较满意的精修结果。

如图 10-2 所示,首先需要导入结构模型,就是常说的 CIF 格式文件。在此基础上导入测试的衍射数据及测试所使用的仪器的参数文件。这一过程是精修的第一阶段,即所有数据的输入阶段,属于精修的准备工作。虽然在这个时候还没有进行具体的精修工作,但是在输入阶段涉及三种类型文件的质量是至关重要的,这三种类型的文件的准备工作已经在前面章节阐述过。随后,根据所输入的晶体结构和仪器参数,GSAS 软件会进行理论计算获得一个初步的计算图谱。这时可将 Cycles 改为零,只进行理论计算,不进行迭代运算。大多数情况下,GSAS 软件初步计算出的强度和实际测试衍射强度之间是不匹配的,差异较大,这时候需要进行标度因子(Scaling)的修正。然后,可将迭代的循环数设置为大于 5,以增加精修结果的吻合度。接着就可以对测试的衍射数据的背底进行精修;随后对标度因子进行精修,进行到这一步一般不会出现精修工作发散的情况。随后,对衍射数据的峰形(Profile)方面进行精修,由于这一步骤涉及的参数比较多,所以峰形的精修是整个精修工作的主体部分,其中包括晶胞参数,峰形函数等,往往需要进行多次或者反复的调试。精修工作成功与否,很大程度上取决于峰形的精修过程。当峰形精修工作进行到满意的程度,就需要判断样品是否存在择优取向等实际问题,如果存在择优取向,就需要对择优取向进行精修,直到最终达到比较满意的精修结果,随后将所获得的精修数据导出和整理。

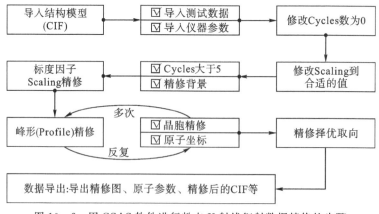

图 10-2 用 GSAS 软件进行粉末 X 射线衍射数据精修的步骤

10.2　单个物相的精修实践

下面通过实验室测试的六硼化镧样品为例子进行精修工作案例讲解。如图 10-3 所示，首先找到 GSAS 软件，鼠标左键双击 StartEXPGUI 图标，程序 EXPGUI 立刻出现启动画面。

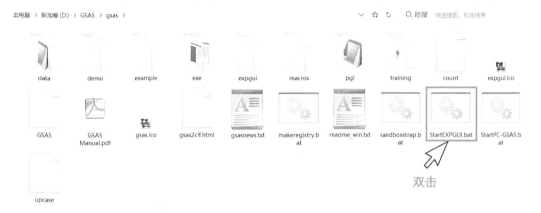

图 10-3　启动 EXPGUI 程序

GSAS 软件首先启动 DOS 操作命令界面，它是 EXPGUI 运行的后台程序。由于 DOS 操作界面是一个黑屏，为了让显示界面视觉效果更明显，本书中把黑屏中出现黑色的地方删除。紧随着 DOS 操作界面的启动，EXPGUI 程序在 DOS 的界面之上也会加载启动，如图 10-4 所示。

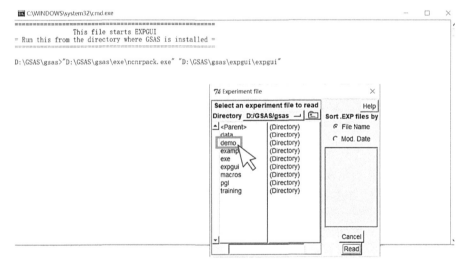

图 10-4　选择精修工作的文件夹

本章例子操作中，笔者预先建立了一个 demo 文件夹，以便将随后精修工作的过程中产生的文档存放在此文件夹。通过鼠标左键选择 demo 文件夹，然后鼠标左键点击 EXPGUI 程序的 Read 按钮，就进入了 demo 这个文件夹，出现如图 10-5 所示的窗口。为了创建精修工程，需要给这个结构精修工程创建一个文件名。在这里我们使用 example1 作为精修工程名称，此后,精修的每一步骤均可以在精修工程 example1 中记录下来。如果在后面精修过程中出现了崩溃,可以进行参数的提取。

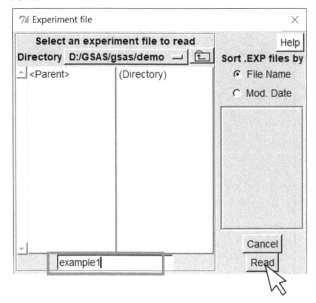

图 10 - 5　结构精修工程的创建

当在窗口输入 example1,然后用鼠标的左键单击 Read 按钮。这时系统会提示 example1. EPX 并不存在,并且询问是否需要进行创建,可以选择 Create 命令创建一个精修工程,如图 10 - 6 所示。

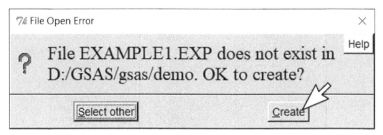

图 10 - 6　创建结构精修文档

随后,EXPGUI 系统会出现一个新的窗口,显示 Input a value for the title for the experiment EXAMPLE1. EXP,系统提示输入当前精修工程的名称。这个精修工程的名称可以省略,在这里为了便于建立关联和记忆,可以给精修文件命名为 for LaB6,然后单击 Continue 按钮,如图 10 - 7 所示。

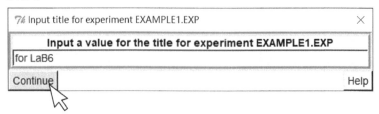

图 10 - 7　精修文档的命名

接着出现如图 10 - 8 所示的结构参数的输入页面 Phase 界面。单击 Add Phase 按钮,就可以进行 CIF 文档的添加。

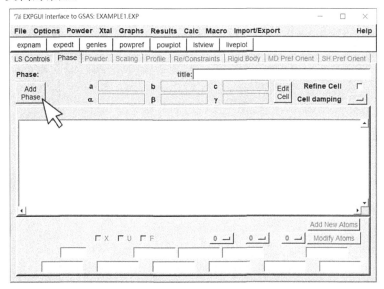

图 10 - 8　进行结构文档的添加

在本章的例子中,由于只精修一个物相,只需添加一个物相结构的 CIF 文档,在多相精修的情况下,要将多个物相的 CIF 文档依次输入,具体细节在后面的章节会详细说明。由于在前面章节已经准备了物相的 CIF 文档,所以在添加新物相时,可以在 add new phase 窗口选择 Crystallographic Information File(CIF),如图 10 - 9 所示。需要注意的是 GSAS 软件提供了五种文件结构的格式,不一定只拘泥于 CIF 格式,比如将以前精修过的 GSAS. EXP 文档直接调用,也可获得所需的结构信息。

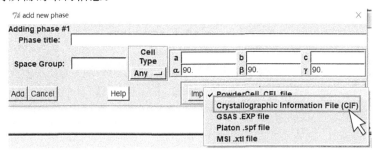

图 10 - 9　选择结构文档的格式

此时,系统会打开一个窗口,默认指向这个精修工程的文件夹路径。由于已经预先存放了 CIF 文档在文件夹,可以看到 LaB6. cif。如图 10 - 10 所示,直接选择 LaB6. cif,然后点击打开。这时候,GSAS 软件就会将 LaB6. cif 结构文档读入到 GSAS 程序中。

当程序读取 CIF 文档之后,会出现如图 10 - 11 所示的信息,包括晶体结构的空间群、晶胞参数等。有时候软件在这一步容易报错,其原因可能是 CIF 文档的格式存在一定的问题,比如空间群的格式不规范。由于已经知道六硼化镧属于立方结构,可以在 Cell Type 下拉菜单里选择 Cubic,当然也可以不用选择 Cubic,不会对精修结果造成太大的影响。随后,单击 Con-

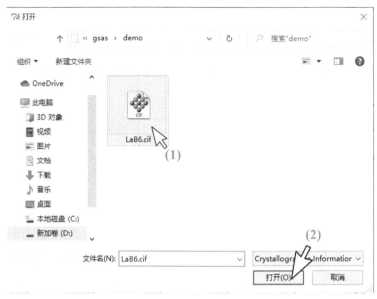

图 10 - 10　在文件夹中找到相应的 CIF 文档

tinue 按钮进入下一步。

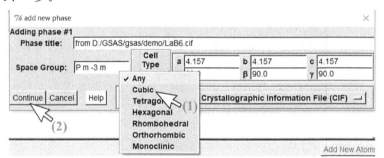

图 10 - 11　结构文档的读取过程

　　随后出现如图 10 - 12 所示的窗口,显示出空间群详细的信息,需要对这个物相的空间群中和对称操作进行逐一检查,确认无误之后,可以单击 Continue 按钮,进入到下一步。

　　紧接着出现图 10 - 13 所示的信息,包括每一个原子的位置、占有率和热振动等信息。这里需要注意的是,有些 CIF 的格式里面包括的原子热振动信息并不准确,有时候 Uiso 数值是缺失的,这时候可以赋予一个初始值,比如 0.025,如果 CIF 本身包括了比较合理的 Uiso 数值,可以不用进行任何改动。

　　当原子的热振动确认或者参数修改之后,可以单击 Add atoms 按钮,到此为止,物相结构相关的所有信息都导入到 GSAS 程序中,出现如图 10 - 14 所示的窗口。

　　这时候就可以看到 Phase 页面中,出现了物相 1(Phase 1),其中包含了晶胞参数、原子位置、多重度、占有度、热振动等信息,说明结构信息已经成功读取。如果发现输入的物相结构文档有问题或者需要对某些数值进行修改,可以单击 Replace 按钮实现新的物相结构的替换;也可以单击 Edit Cell 按钮,对晶胞参数直接进行修改。

　　进入到第二个阶段,需要将所采集的衍射数据和仪器参数导入到 GSAS 软件之中。为实

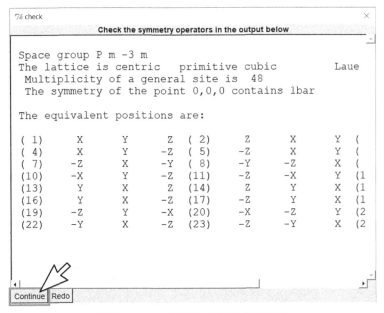

图 10 - 12　空间群和对称操作的检查

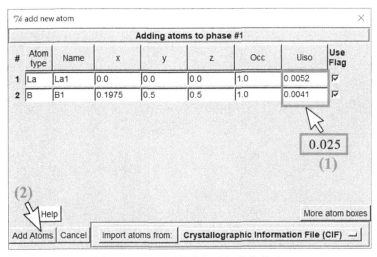

图 10 - 13　原子的热振动初始值修改

现这个目的，需要在 Powder 界面进行相应的操作。打开 Phase 右边的 Powder 选项卡，其中提供了背底函数、衍射仪器相关的常数、吸收/反射修正等方面的编辑与操作。在 Powder 选项卡选择并单击左下角的 Add New Histogram 按钮，可实现将衍射数据和仪器参数导入到 GSAS 中。出现如图 10 - 15 所示的窗口，在 Data file 右边单击 Select File 按钮，打开一个文件路径选择框。找到测试数据的存放目录，可以看到测试数据 LaB6. gsas，选择 LaB6. gsas，然后单击"打开"按钮，将所测试的衍射数据读入到 GSAS 应用程序之中。

　　紧接着是仪器参数文档的设置，单击 Instrument Parameter file 右边的 Select File 按钮，打开仪器参数的文件选择路径窗口，在这里可以选择 GSAS 软件自身携带的 Inst_xry. prm 仪器参数文档（存放路径见前面章节）作为初始模板，也可以将其另存为 Inst_Cu. prm 文档以便

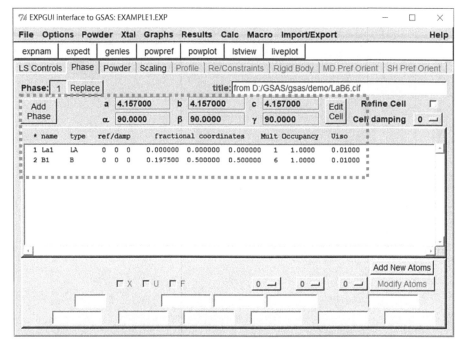

图 10 - 14　结构文档读取后的显示

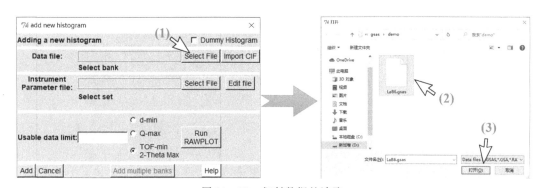

图 10 - 15　衍射数据的读取

于记忆,如图 10 - 16 所示。

由于实验室所采用的衍射仪器和软件自身所带的仪器参数之间有一些出入,需要对其中的某些参数值进行修改。因此,单击旁边的 Edit file 按钮,GSAS 系统会打开一个新的对窗口,如图 10 - 17 所示。

以本实验室所用的测试条件为例,由于采用的是金属铜靶,所以在 Radiation type 中选择 Cu。这里需要注意的是金属铜靶的波长,根据实验室仪器的实际情况进行选择,Cu 包含 K_α 系列的两个波长分别是 $K_{\alpha1}$ 和 $K_{\alpha2}$。其中 $K_{\alpha1}$ 波长是 1.54056 Å,而 $K_{\alpha2}$ 波长是 1.54439 Å。另外 Polarization Fraction 指的是 $K_{\alpha2}/K_{\alpha1}$ 强度比,可以取一个初始值如 0.5。如果测试是在同步辐射条件下,POLA 的值是接近于 1 的,如 0.95。如果实验室的仪器配备了石墨弯晶单色器,则 POLA 值为 0.81。随后是对峰形参数进行设定,一般而言,测试的 X 射线衍射数据的峰形具有非对称峰形的特点,所以峰形函数是一般采用 pseudo-Voigt/FCJ Asym 进行拟合。在 Pro-

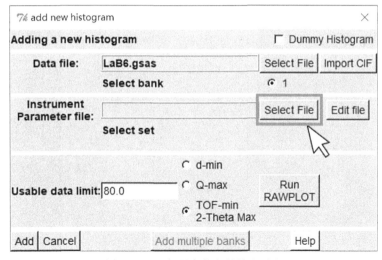

图 10 - 16　仪器参数文档输入过程

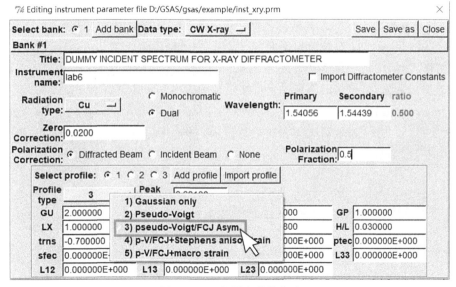

图 10 - 17　仪器参数的修改

file type 选择峰形函数 3,如图 10 - 17 所示。另外 Peak cutoff 选择 0.001,这样在后面的峰形参数操作时,就不用再更改了。在峰形函数里面包括了两种重要的峰形函数,一种是高斯类型函数,其中的参数包括 GU、GV、GW、GP;一种是洛伦兹类型函数,包括 LX、LY。可暂时使用仪器自身所带的峰形函数,其他参数不用修改,参数设定之后可以单击 Save 或者 Save as 按钮进行保存。通过上面的操作,在后续进行精修工作时可以直接调用,不用再进行一个一个的修改,极大地提高了效率。

　　目前为止,所有涉及输入的工作已经基本完成。这时需要根据初始 CIF 结构文档,以及仪器参数,进行初始的理论计算。为了便于把计算后的衍射图谱导入到系统之中。首先是打开 LS Controls 页面,如图 10 - 18 所示。

　　将循环数(Number of cycles)改为 0,表示只对目前所输入的晶体结构模型进行计算,并

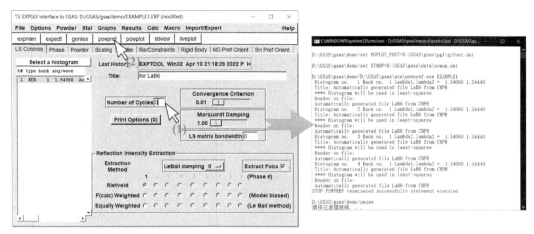

图 10-18　循环数设置

不采用迭代程序进行精修工作。这里的 Marquardt Damping(阻尼)主要是增加精修的稳定性,据经验通常设置为 1~1.2。随后,用鼠标依次单击 powpref 和 genles 按钮进行精修工作。powpref 按钮意味着将前面输入的测试数据用于最小二乘法的计算,当命令运行之后 DOS 程序窗口显示"按任意键继续",按下键盘任意键(如空格键)退出此窗口。genles 按钮为 GSAS 程序运行精修工作,即进行最小二乘法的计算。运行之后,窗口会输出一些信息,特别是一些精修结果的评价数据,根据窗口信息提示可按任意键退出该程序窗口。

　　单击 powpref 按钮,弹出如图 10-19 所示的信息。系统会询问精修文档 EXAMPLE1 已经被修改,是否使用这个修改后的文档进行后续的工作。单击 Load new 按钮,表示确认选择需要精修的参数。

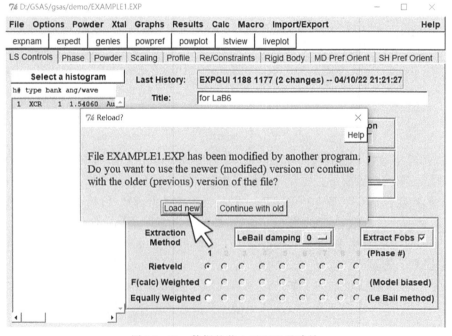

图 10-19　数据的载入过程以及确认

随后单击 genles 按钮，弹出如图 10 – 20 所示的窗口。DOS 窗口会持续不断显示系统在执行精修过程中的动态信息。在这个动态的 DOS 窗口中可以看到精修每一个迭代过程的结果。对当前的例子，有 12 个参数参与了精修过程，所获得的精修结果为，优度因子（χ^2）为 20.76，权重拟合因子（R_{wp}）为 0.8521，峰形拟合因子（R_P）为 0.8396，随后可以按任意键继续。

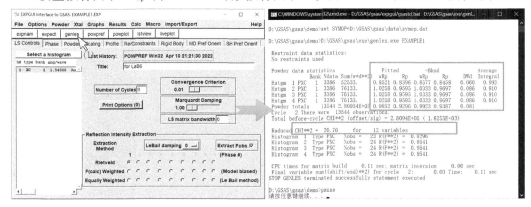

图 10 – 20　首次计算结果

这个时候可以单击 liveplot 按钮，所计算的结果就以图的形式展现出来，通过这个技巧可以非常直观地看查看理论模型的计算与实际测试的数据之间的差异。根据笔者的经验，liveplot 命令是一个非常有用的工具，通过 liveplot 所显示的对比效果，可以非常有效地指导精修工作，为精修工作指明方向。

随后是标度因子的处理，如图 10 – 21 所示。标度因子处理一般有两种做法。一种是将标度因子的 Refine 后面的勾选取消，通过前面的 liveplot 获得计算的强度与实际测量数据之间

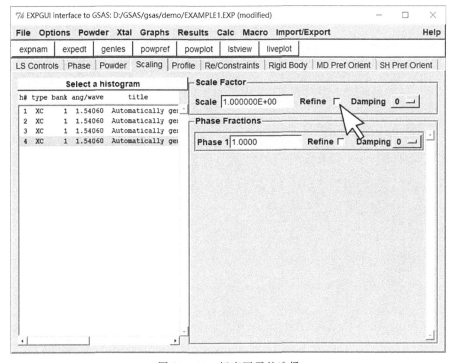

图 10 – 21　标度因子的选择

强度的比值(倍数),将这个比值输出在 scale 栏,然后再次单击 powpref 和 genles 按钮进行理论计算。另一种做法就是将标度因子后面的 Refine 选中,直接进行下一步的精修工作。这两种方式在一般的情况下差别不是很大。在本例中勾选 Refine 让其参与精修工作。

随后是对背底进行处理,单击打开 Powder 选项卡,单击 Edit Background 按钮,如图 10 - 22 所示。

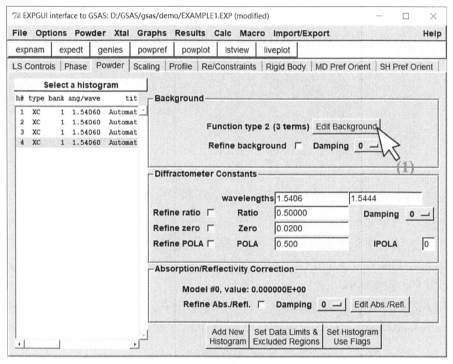

图 10 - 22　背底的选择

另一种做法就是打开第一行的 Powder 菜单命令,选择 bkgedit 选项,两种方式的效果是一样的,都会打开下面的背底编辑页面。如图 10 - 23 所示,在 Edit Background 页面首先选择

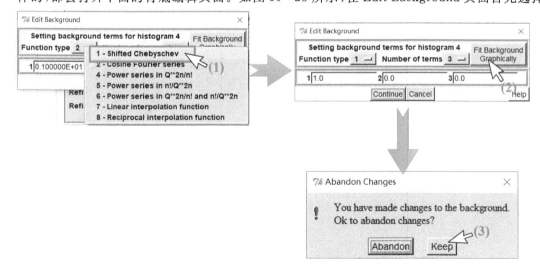

图 10 - 23　背底函数的设置

Function type，对于多数 X 射线衍射数据，如果背底比较平，可以选择 Function type 为 1 的函数，即 Shifted chebyschev。

随后单击 Fit Background Graphically 按钮，在有些情况下，系统会询问对背底做了改变，是否放弃，选择 keep。随后可以手动添加背底进行拟合，如图 10 - 24 所示。

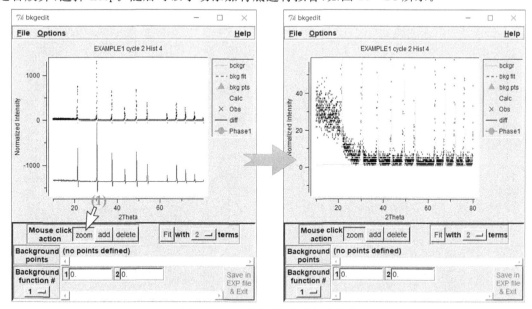

图 10 - 24　手动添加背底拟合的点

在 bkgedit 页面窗口，鼠标有三种功能选项，分别是 zoom、add、delete。首先单击 zoom 按钮，然后使用鼠标左键在背底线区域拖动，将背底区域放大，使鼠标在背底上进行的操作更加容易。这时候能够看到一条绿色的背底拟合线，这是 GSAS 软件自动的背底拟合线，在本例中可以看到这条绿色的背底拟合线和实际真实的背底在低角度有较大的差异。使用鼠标单击 add 按钮，就可以在刚才放大的背底上选择需要拟合的数据点，可以依次根据背底的走向和趋势进行选择，选择的点呈现出紫红色的三角形，如图 10 - 25 所示。

如果在选择拟合点时，鼠标的点击位置偏离了测试数据的背底，可以单击 delete 按钮，这时鼠标会变成圆环状，将这个圆环放在需要删除的三角形上单击，就会删除选择的点。当所有的背景点选择完成之后，单击 terms 选择需要拟合的项数，一般推荐选择 10 以上，随后单击 fit 按钮，就会出现一条蓝色的背底拟合线。然后单击 Save in EXP file & Exit 按钮保存退出。

回到 LS Controls 控制界面，单击 Print Options 按钮，选择编号为 256 的选项。同时将 Marquardt Damping（阻尼）值改为 1.2 左右，如图 10 - 26 所示。随后将 Number of Cycles 改到 5 以上，在本例中，将其改为 10，表示迭代运算可以进行 10 次，鼠标依次单击 powpref 和 genles 按钮进行精修工作。系统会出现如图 10 - 27 所示的 DOS 界面，可以看到优度因子（χ^2）、权重拟合因子（R_{wp}）、峰形拟合因子（R_p）等具体数值的动态显示。根据这些数值的大小来判断精修过程是发散的还是收敛的。如果这些因子的数值变得越来越小，说明所选择的参数与步骤是在正确的方向。

在这里，推荐的做法是每进行一次精修工作，都对精修后的 liveplot 图进行放大与检查。如图 10 - 28 所示，将其中的一个衍射峰放大之后可以看到红色的拟合谱图与黑色的衍射数据

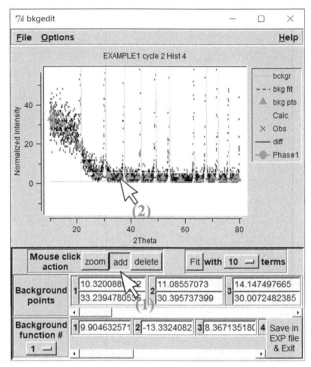

图 10 - 25　背底曲线的选取点以及拟合显示（彩图请扫章后二维码）

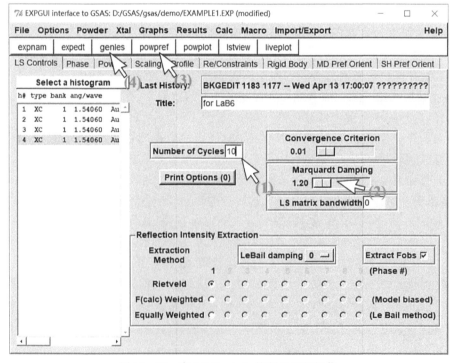

图 10 - 26　在 LS Controls 控制界面的操作

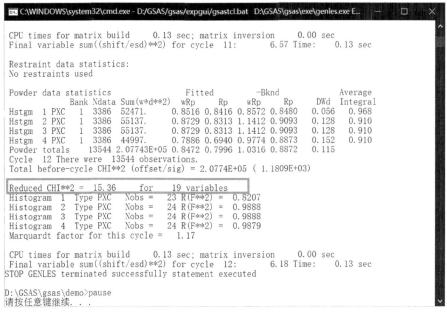

图 10 - 27　精修结果的动态显示

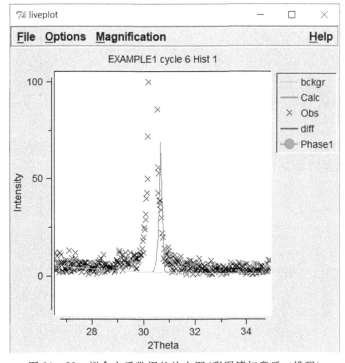

图 10 - 28　拟合之后数据的放大图(彩图请扫章后二维码)

之间出现比较明显的偏移。对于 2θ 值出现的偏移而言,有时候是测试仪器的测角仪造成的,有时候是由于样品在测试时装载的高度引起的,也有可能是由于晶胞尺寸变化引起的,可以根据样品的实际情况具体问题具体分析。

在本例中，先调节峰形（Profile）中的 shft（即样品偏离校正系数），如图 10 - 29 所示。单击 shft 后面的小方框选中，然后依次单击 powpref 和 genles 按钮进行精修。这时可以看到 DOS 窗口的动态数据显示优度因子（χ^2），权重拟合因子（R_{wp}），峰形拟合因子（R_p）已经大幅度下降。根据系统提示按任意键继续，系统会询问是否要使用新的工作状态，选择 Load new，随后单击 liveplot 查看精修的结果。

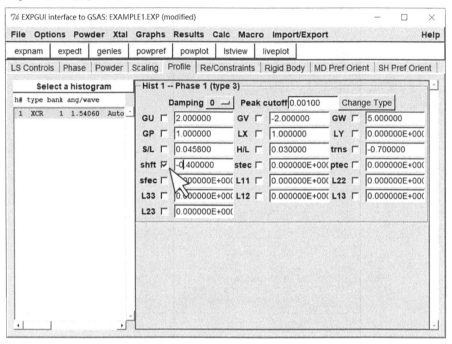

图 10 - 29　角度移动的修正

如图 10 - 30 所示，可以看到拟合之后 2θ 的偏移问题获得了较好解决。根据前面的精修策略，此时可以对晶胞参数进行精修工作。

打开 Phase 选项卡，如图 10 - 31 所示，单击选中 Refine Cell，表示要对晶胞参数进行精修工作，然后依次单击 powpref 和 genles 按钮，运行程序后依次查看优度因子（χ^2）、权重拟合因子（R_{wp}）、峰形拟合因子（R_p）数值进而判断精修工作的优劣。

精修之后可以查看 liveplot，如图 10 - 32 所示，拟合的位置（2θ 值）已经达到比较满意的程度。采用上述的方法将局部谱图进行放大，发现在峰形（Profile）方面还存在较大的误差。

单击 Profile 打开峰形参数页面，如图 10 - 33 所示。由于峰形参数较多，有些参数相互制约，存在消长关系相反的情况，所以在精修的步骤与策略上需要小心对待。

在 GSAS 中，GU、GV、GW 和 GP 表示高斯型，用来描述半峰宽，即 $\mathrm{FWHM} = U\tan^2\theta + V\tan\theta + W + P/\cos^2\theta$。首先选中 GW，依次单击 powpref 和 genles 按钮进行精修，查看 liveplot 图发现拟合的效果变得更好。通过查看优度因子（χ^2）、权重拟合因子（R_{wp}）、峰形拟合因子（R_p）发现它们的数值进一步地减小。

然后对于洛伦兹函数 LY（洛仑兹方程的应变宽化）进行选择，如图 10 - 34 所示，依次单击 powpref 和 genles 按钮进行精修工作。通过 liveplot 图进行局部的放大，发现误差度进一步减小，拟合的峰形与测试数据越来越吻合。

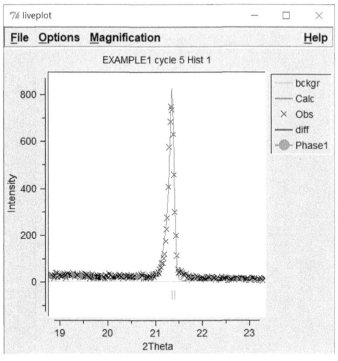

图 10 - 30　拟合之后的图示效果

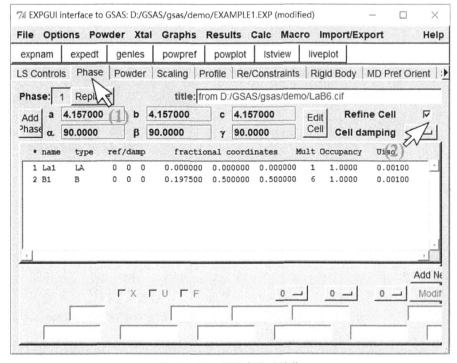

图 10 - 31　晶胞参数的精修

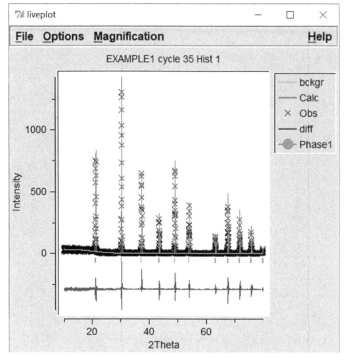

图 10-32 精修之后的图形显示效果

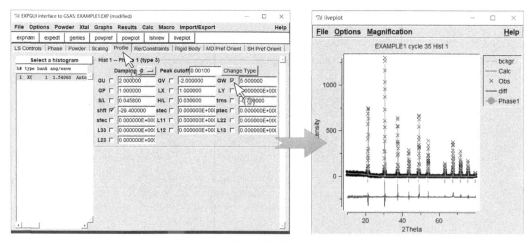

图 10-33 进行峰形参数 GW 的选取

　　类似地,可以依次对 GU 和 LX(洛仑兹方程的晶粒宽化)选择,进行精修工作。也可以对 GU-LX 同时选择,进行精修工作,如图 10-35 所示。无论是一相一相的精修还是两相合在一起精修,每次选择之后都需要依次单击 powpref 和 genles 按钮,进行 GSAS 运行工作。通过图 10-35 可以看出,经过 GU-LX 精修之后,蓝色的误差线的范围进一步缩小。

　　随后对 GV-GP 参数进行选择(见图 10-36),和上一步骤操作类似,可以两项一起进行精修,也可以两项分开逐次进行精修。每 GSAS 运行之后可以发现优度因子(χ^2)已经降到 1.472。但是,权重拟合因子(R_{wp}),峰形拟合因子(R_p)数值还有点偏高。

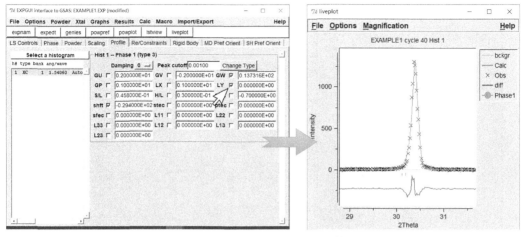

图 10 - 34　选择 LY 以及精修后的效果图

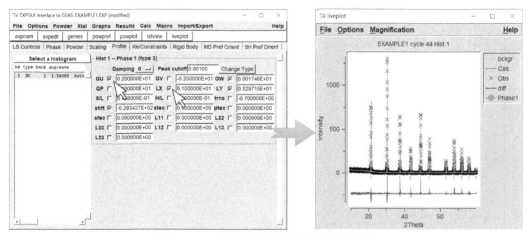

图 10 - 35　选择 GU-LX 以及精修复的结果

　　限制条件的选择以及参数设定是根据具体情况而定的,对于一些结构或者原子数目比较简单的情况,这一步骤可以省略。在这里仅做一个演示性操作,如图 10 - 37 所示,单击 Re/Constraints 按钮,出现一个新页面,单击 New Constraint 按钮进行限制条件的设定。

　　在 Atoms 栏中用鼠标左键拖动并且选择 La1 和 B1,单击 Variable,出现下拉菜单,这时根据结构的实际情况进行相应的选择,作为演示,这里选择 XYZU,意味着对 La1 和 B1 原子的位置和热振动进行修正。在某些情况下,只选择 UISO,意味着只对原子的热振动进行限制。GSAS 软件提供众多和功能强大的限制条件,都可以通过下拉菜单进行选择。条件限定之后,会出现如图 10 - 38 所示的页面。

　　当然除了原子的限制条件可以设定之外。还可以对峰形(Profile Constraints)以及原子距离(Distance Restraints)进行限制。在多相精修时,需要对峰形(Profile Constraints)进行设置,相关细节将在下一章进行讨论。

　　有时需要回过头对晶胞结构参数进行精修。由于在上一步进行了条件限定,所以这一步需要用鼠标选中 La1 和 B1,然后单击选中 Refinement Flag 的 X 项,表示对 La 和 B 原子的位置进行修正,如图 10 - 39 所示。

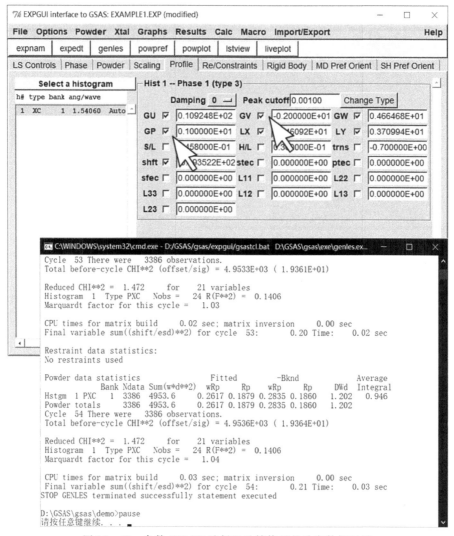

图 10 - 36 参数 GV-GP 选择以及精修后的动态数据展示

然后依次单击 powpref 和 genles 按钮进行精修。相应地,也可以对两者的原子热振动 (U)进行类似的精修工作。需要注意的是,原子热振动(U)在有时精修之后会出现负值,这时候需要返回到上一步,将其数值改为初始值,再经过一步精修运算工作。

最后可以对晶体的取向性进行相关的精修运算,如图 10 - 40 所示,打开 SH Pref Orient 选项卡,可以看到 GSAS 软件提供了球谐函数进行取向修正。

样品的取向对称性具有四种取向对称性函数模型,如果样品的取向对称性没有完全的把握,可以在 Sample symmetry 中选择 None 选项。在开始时,Spherical Harmonic Order 选择一个较小的数值,比如 2 进行拟合精修。精修之前需要选中 Refine ODF coefficient 选项,然后依次单击 powpref 和 genles 按钮进行精修,最后将 Spherical Harmonic Order 的数值逐渐增大。

在本例中,结晶取向的高阶参数选择 14(见图 10 - 41),单击 powpref 和 genles 按钮进行精修运算,通过查看 liveplot 图,可以看出差异度变得更小。

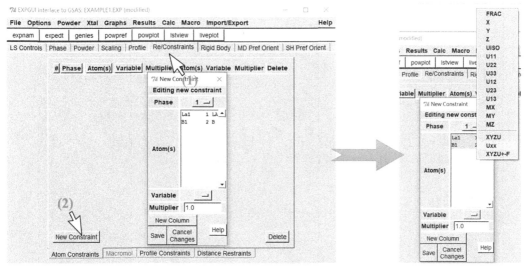

图 10 - 37　限制条件的选择以及参数设定

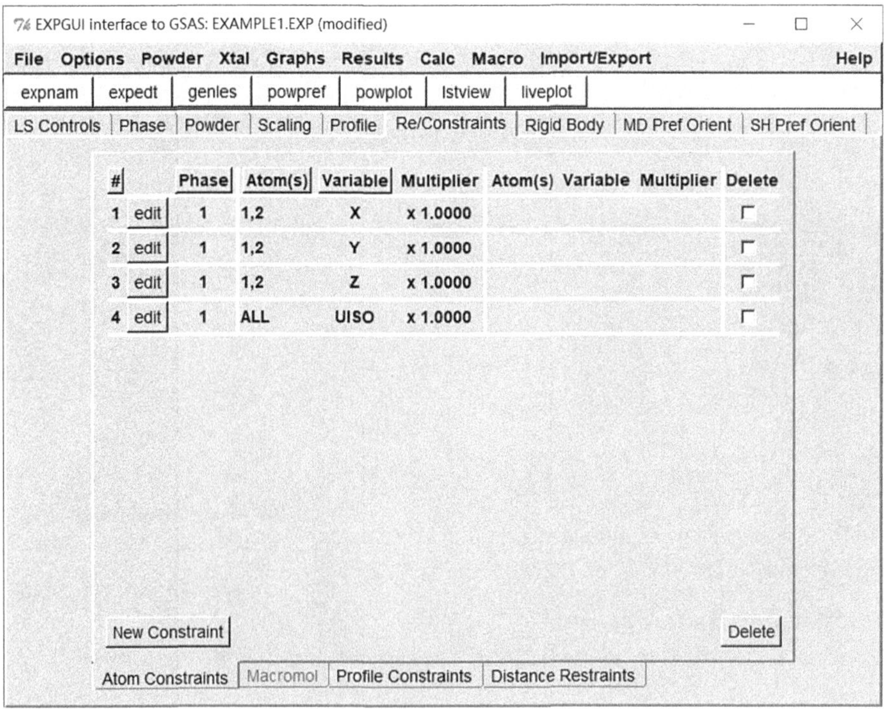

图 10 - 38　条件设定之后的显示页面

在本章的例子中,峰形(Profile)里面还有一些其他的参数没有进行过精修,这时可以依次对剩余的参数进行选择,比如可以依次选择 S/L,H/L 等参数(和峰形不对称性相关,见图10 - 42),单击 powpref 和 genles 按钮进行精修运算。

通过查看 liveplot 图,可以看出差异度进一步变小。随后可以依次选择其他的峰形(Profile)参数行精修运算,通过后台的 DOS 动态显示,只要能够使优度因子(χ^2)、权重拟合因子

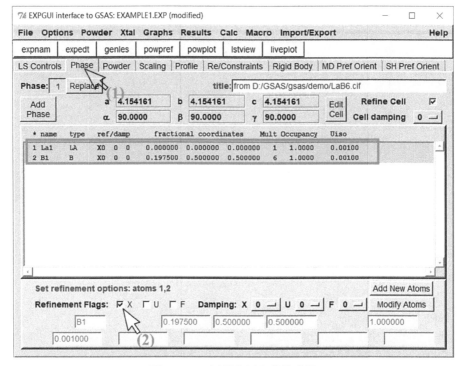

图 10 - 39　原子位置参数的选择

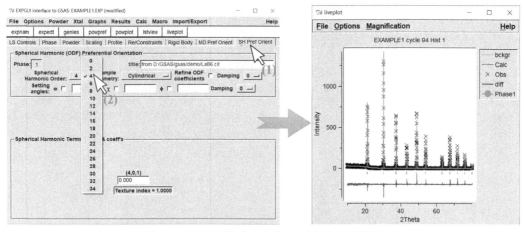

图 10 - 40　结晶取向的参数选择及修正效果图

(R_{wp})、峰形拟合因子(R_p)数值进一步减小，表明精修的策略和方向是对的。直到优度因子(χ^2)小于 3，权重拟合因子(R_{wp})小于 10%。在有些情况下，由于原始测试的数据质量比较差，权重拟合因子(R_{wp})接近 15% 也是可以接受的。

精修过程结束之后，可以通过 lstview 菜单命令查看精修过程产生的所有参数，包括优度因子(χ^2)、权重拟合因子(R_{wp})、峰形拟合因子(R_p)的具体数值如图 10 - 43 所示。

在本例中，最终获得的数据是优度因子(χ^2)为 1.214，权重拟合因子(R_{wp})为 7.36%，峰形拟合因子(R_p)为 5.32%。另外，也可以通过下拉 lstview 页面查看晶胞参数等信息。

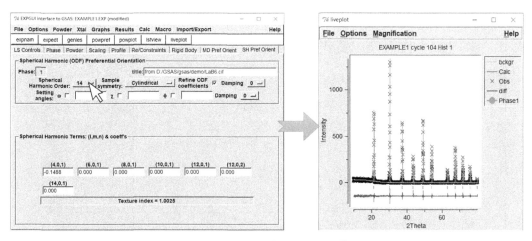

图 10 - 41　结晶取向的高阶参数选择以及修正后的效果

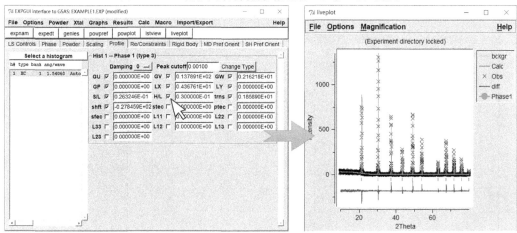

图 10 - 42　参数 H/L 选择以及精修后的展示

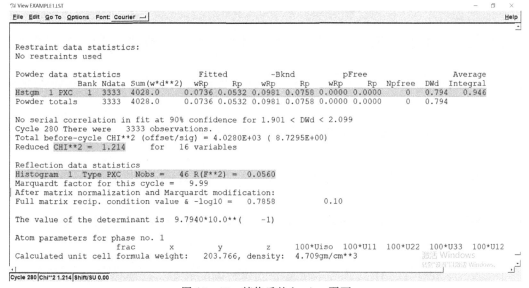

图 10 - 43　精修后的 lstview 页面

10.3　精修过程中崩溃的处理

当然,精修的过程也并非一帆风顺,有些时候精修工作出现发散,数据越来越大,甚至拟合出现崩溃情况。这些精修失败可能的原因包括:测试数据的质量不够高、对结构模型初始值偏离比较大、精修过程中参数的顺序选择不合理等多个方面,所以精修需要进行大量的练习。

如果系统出现了崩溃,GSAS 软件提供了非常便捷的追溯服务。如图 10-44 所示,选择 File→revert 选项,打开一个对话框,其中会显示出前面精修过程中每一个保存的步骤。

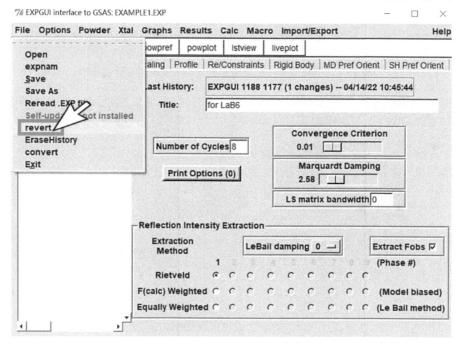

图 10-44　历史文件的读取

如图 10-45 所示的窗口第二列显示了精修工作的操作时间,这样便于回溯到系统崩溃前的状态。在本例中,可以选择后缀为 O87,表示进行第 87 次精修的状态,然后单击 Read 按钮,读取数据。

这时候系统会询问是否想要继续使用相同的精修工作名称,可以单击 Continue with current 按钮,如图 10-46 所示。这样精修工作会回到前面的几步,就不用从头开始,可以极大地节省时间并且减少工作量。

需要指出的是,精修是一个比较枯燥而繁重的工作,需要耐心和耐力。由于 GSAS 软件还没有发展成完全智能的状态,所以每一个精修完成之后,需要进行判断,而准确的判断源自对精修工作的大量实践。精修工作在某种意义上而言需要操作者的经验和判断力。另外值得一提的是,精修过程是一个动态调整的过程,不是一个一成不变的刻板过程,是对精修工作者的一个综合能力的考验。

获得峰形参数是非常重要的。为了避免在精修过程中容易导致发散的问题,可以借助前面所采用的 CMPR 软件对所采集的衍射数据进行峰形拟合,主要包括 GU、GV、GW、LX 和

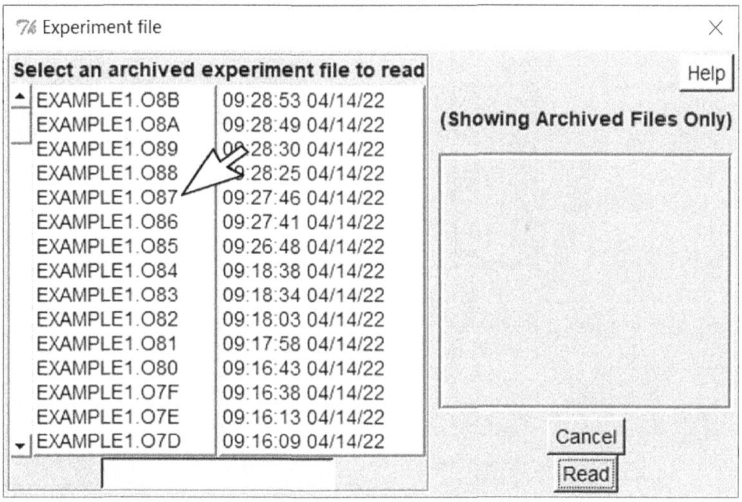

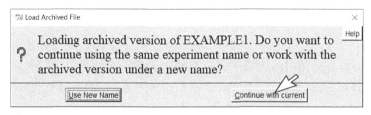

图 10-45　精修过程中所保存的各个步骤

图 10-46　前期文档的选择

LY。将拟合好的数据数值,直接输入到 GSAS 相应的参数之中,不仅可以提高效率,而且大大提高了准确度,使得精修过程可以在较短的时间内达到较好的效果。

精修的后期,其他的参数可以逐渐加入到精修工作中,如 stec(洛仑兹应变)、sfec(洛仑兹方程亚晶格宽化)、ptec(晶粒各向异性宽化)、trns(样品透明性系数)、L11-L23(应变各向异性相关系数)等。

郑振环和李强教授所著的《X 射线多晶衍射数据 Rietveld 精修及 GSAS 软件入门》中提到很多策略和细节,建议读者进行研读和练习。

10.4　精修的整体把握与重点

精修过程是一个系统工程,在精修的过程中需要考虑的因素比较多,既要考虑数学层面,也要考虑晶体学层面,最后还要考虑谱图层面。如图 10-47 所示,GSAS 精修需要对以下四个方面进行考虑,主要包括峰位(Peak)、峰强(Intensity)、峰形(Profile)及背景(Background)。

从峰位(Peak)的角度来看,某一个衍射晶面的面间距和衍射角度可以通过布拉格衍射公式进行计算获得。此外,晶体的空间群应力和应变也对峰位具有一定的影响。另外,在实际的精修过程中,也要考虑样品位移和仪器零点。为了获得较为精确的晶胞参数,进行精修工作时,峰位也是需要考虑的一个重要方面。

对峰强(Intensity)而言,进行精修工作时需要考虑各种因子的贡献,比如多重因子、结构

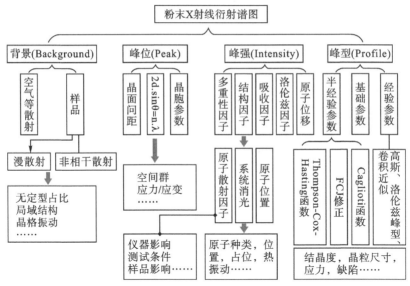

图 10 - 47　精修操作的考虑因素

因子、吸收因子、洛伦兹因子等。通过精修之后可以从峰强获得原子的位置信息、温度因子、占位率、振动、织构等信息。同时峰的强度也会受到测试条件的影响,包括样品的平整度、样品相对于标准位置的偏离、择优取向,以及样品自身缺陷等因素。此外,对峰强精修时,可通过标度因子和织构函数调节。

对峰形(Profile)而言,进行精修工作时可以通过峰形函数、峰宽函数进行调整。需要考虑半经验参数、经验参数和基础参数,以图获得结晶度、晶粒大小、微观应力及缺陷等重要信息。

在背景(Background)方面,进行精修工作时不仅需要考虑样品与空气等散射的影响,还应该考虑来源于样品的漫散射,包括无定型的占比、局域结构、晶格振动等因素。

总的来说,结构精修时涉及的参数大致可以分为两类:一类与晶体结构相关,主要包括晶胞参数、晶胞中每个原子坐标、温度因子、位置占有率、温度因子等;另一类是非结构参数,主要包括仪器参数、2θ 零点、背景、样品位移、标度因子、衍射峰的非对称性、晶粒大小、样品透明性、样品吸收、微观应力、择优取向等。精修是以某个已知的结构模型为出发点,往往非结构参数的优化要比结构参数的优化更重要一些,所以在获得良好的非结构参数基础上才能保证后面结构参数的可靠性。

习　题

1. 从谱图的角度看,X 射线衍射图谱包括了哪三个方面的内容?

2. 峰位、峰强、峰宽分别包含了样品哪些信息?

3. 精修时,峰形函数的 Peak cutoff 选择多少比较合理?

4. 名词解释:UISO、高斯类型函数、洛伦兹类型函数、非结构参数。

5. 半峰宽与 GU、GV、GW、GP 的关系是什么?

6. GSAS 精修的时候需要把握哪四个方面?

7. 背景(Background)与哪些因素有关系?

扫码看彩图

第11章　多相精修进阶

11.1　多相精修的应用场景

在科学研究过程中,所研究的样品很多情况下不是单相的,测试的粉末样品中所包含的物相不止一种。前面章节中已经展示了如何进行物相分析,包括定性分析和定量分析。在此基础上,如果测试数据中包括两个或者两个以上物相时,就需要掌握如何进行多相精修。

对多相进行精修而言,可以获得多相中每一物相的精确含量等特别有用的信息。尽管多相含量的计算也可以在 JADE 软件中完成,但无论是内标法还是外标法,通过物相检索所计算的多相含量结果无法和经过精修的结果相媲美。通过全谱拟合的精修方法获得材料蕴含的信息,越来越受到研究工作者的重视和青睐。使用 GSAS 软件进行多相精修的过程和单相精修过程基本类似,只是个别地方有差别,需要注意。下面通过一个具体案例展示两相精修的过程及应该注意的事项,读者进而可以推广和应用到两相以上的情况。

11.2　两相精修

某一个企业获得了一种重要的样品,需要分析出这个样品包含几个物相,以及每个物相的含量。为了解决企业的实际需求,首先通过元素分析,确认这个样品里包含的元素有铝、磷、硅、氧四种。随后采用丹东浩元 DX－2700BH 型粉末 X 射线衍射仪器进行测试。

测试之后,所获得的数据通过 JADE 软件进行物相检索,由于衍射数据背底线平整,判断没有非晶物质。通过检索 PDF 数据库,发现这个粉末样品包含两相,一种物相是磷化铝,另一种物相是二氧化硅。根据和前面章节类似的方法,可以找到磷化铝和二氧化硅结构 CIF 文件。需要注意的是磷化铝和二氧化硅包含了多种不同的结构,在进行 CIF 文件筛选时,需要确认所选择的 CIF 文件所包含的信息应该和 JADE 软件物相检索的结果相吻合。

根据第 10 章的方法,可以获得晶体结构 CIF 文档及测试的衍射数据(暂且命名为 SiO2－AlP.txt)。通过第 10 章介绍的转换方法,首先将 SiO2－AlP.txt 格式转换为 dat 格式(SiO2－AlP.dat),然后通过 CMPR 程序将其转换为 gsas 格式,如图 11－1 所示。对于仪器参数可以采用第 10 章使用过的文档,根据实际情况进行相应修改。到此为止,精修的所有准备工作就已经全部就绪。

由于在这个案例中,粉末样品中含有两个物相,涉及多相的结构精修。在开始几个步骤,可以借用第 10 章介绍的单相精修的基本操作。首先是精修工程的构建。相应地可以依次建

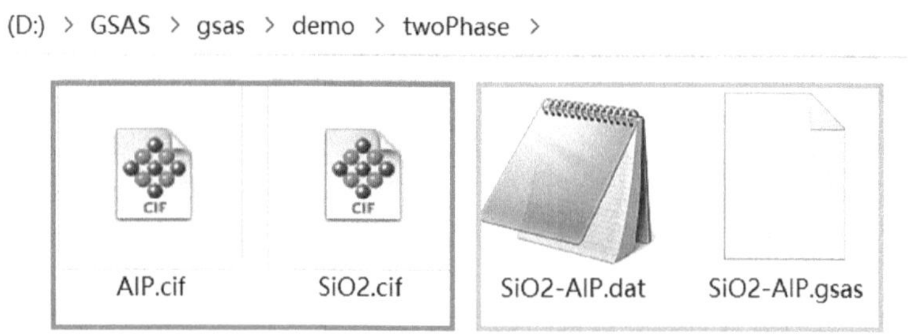

(D:) > GSAS > gsas > demo > twoPhase >

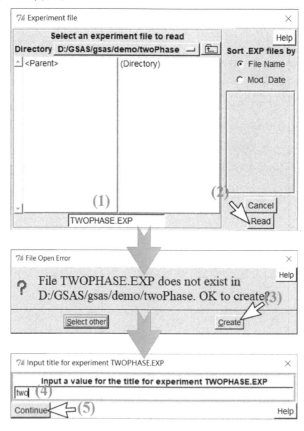

图 11-1　精修前的数据准备

立精修工程的相关文档,比如可以给这个精修工程命名为 TWOPHASE,然后通过依次单击 Read、Create 和 Continue 按钮,通过几个初始步骤完成精修工程的创建,如图 11-2 所示,直到 GSAS 系统打开 phase 窗口。

图 11-2　精修工程的文档构建

　　需要注意的是,对于多个物相的情况,在 phase 窗口需要添加每一个物相的 CIF 文档,如图 11-3 所示。由于已知这个样品包含两个物相,所以需要添加两个 CIF 结构文档。采用和第 10 章类似的过程,依次完成每个物相添加,之后会出现如图 11-3 所示的页面。可以看到 phase 右边出现了两个物相,标号分别为 1 和 2,表示已经成功地添加了两相。可以用鼠标的左键单击 1 或者 2 来查看所添加物相的一些基本信息。

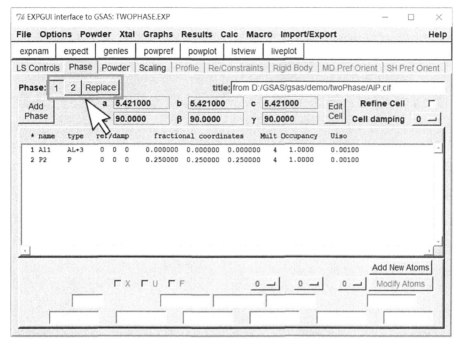

图 11 - 3　两个物相结构的文档读取

随后需要对测试数据和仪器参数进行输入。单击 Phase 旁边的 Powder 选项卡按钮,打开 add new histogram 对话框,可以将测试的衍射数据和仪器参数依次添加,如图 11 - 4 所示。随后,单击 Add 按钮完成测试数据和仪器参数的输入。

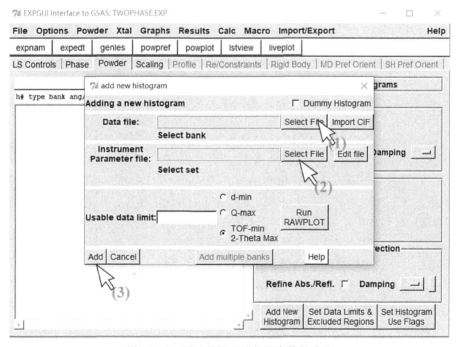

图 11 - 4　测试数据以及仪器参数的读取

　　值得注意的是,首先回到 LS Controls 窗口,将循环次数改为零;其次在 Scaling 窗口,不用勾选标度因子(Scaling),这一点需要特别注意,因为两个物相的标度因子往往不是同一个数值;在 Phase 窗口,先不用勾选晶胞参数。随后,依次单击 powpref 和 genles 按钮进行精修。当系统的 DOS 页面出现对话和咨询时,按任意键继续。

　　通过首次循环之后,效果如图 11 - 5 所示,可以看到优度因子(χ^2)、权重拟合因子(R_{wp})、峰形拟合因子(R_P)等数值。其中 χ^2 为 106.8,R_{wp} 为 0.9867,R_P 为 0.9863,这些数值远远大于目标值。同时,也可以通过 liveplot 图查看目前计算的结果。从图中可以看出拟合的结果和所测量的衍射数据之间的偏离度非常大。

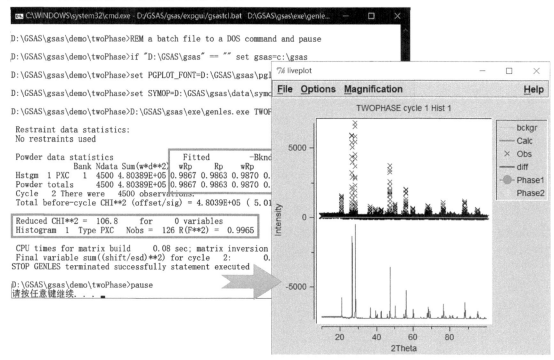

图 11 - 5　首次循环后的显示效果

　　随后,需要对两相各自的标度因子进行选择和设置。和单项精修工作所不同的是,在进行标度因子选择时,在图 11 - 6 中只能分别选中 Phase1 和 Phase2 后面的 Refine 项,而不能选中 Scale Factor 后面的 Refine 项。多于两相的情况,比如说三相或者三相以上精修,处理的方法类似,需要选中每一物相后面的 Refine 项,而不能选中 Scale 后面的 Refine 项。这样操作意味着 GSAS 在随后的计算中会分别对每一个 Phase 相进行标度因子的选择和精修工作。

　　接着上一步,对衍射数据背底函数进行拟合与精修工作。和前面的章节处理方法比较类似,可以使用手动方式进行背底的选择。特别是对于背底不太平滑的情况,建议使用这一种模式。如图 11 - 7 所示,打开 Powder 页面,然后单击 Edit Background 按钮。和前面类似,选择拟合的函数 type 1。单击 Fit Background Graphically 按钮,在打开新的窗口上,通过放大(zoom)按钮和鼠标拖动的方法,对背底进行区域或局部放大。同时,通过添加按钮在背底进行不同点的添加,所添加的点自动呈现红色。

　　如果添加的位置不对,可以使用删除(delect)按钮进行点的删除。当添加完成之后,需要

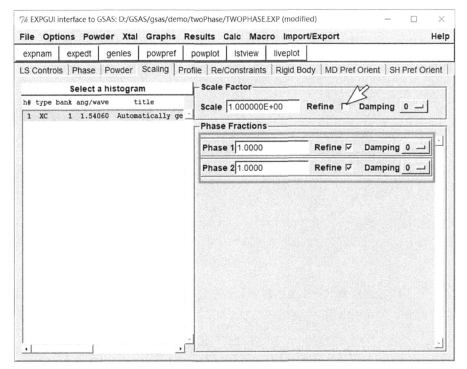

图 11-6　两相标度因子的选择

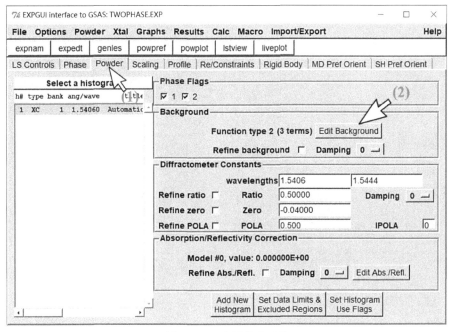

图 11-7　选择背底函数

改变项目数(terms)。在这个例子中,项目数可以选为 12,然后单击 Fit 按钮。这时就会看到 GSAS 根据刚才所添加的点在背底上给出一个拟合线,呈蓝色虚线。如图 11-8 所示,可以看到这个蓝色的拟合背景线和测试的衍射数据背底十分吻合。

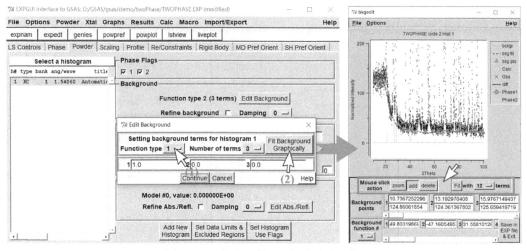

图 11 - 8　背底函数以及拟合点的选择

　　然后回到 LS Controls 窗口,增加循环数,如图 11 - 9 所示。在这里可以将运算循环设定为 8。然后在 Print Option(0)下拉菜单中选择 256。另外,将阻尼系数(Marquardt Damping)

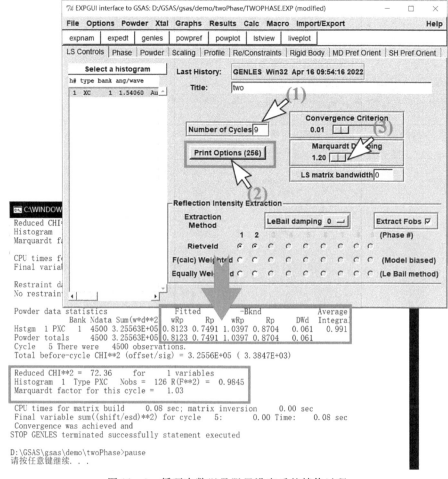

图 11 - 9　循环次数以及阻尼设定后的精修过程

改为 1.2 左右。最后，依次单击 powpref 和 genles 按钮进行精修工作，这时可以看到优度因子
(χ^2) 已经变为 72.36，权重拟合因子 (R_{wp}) 变为 0.8123，峰形拟合因子 (R_p) 变为 0.7491，较上
一步的精修结果明显降低。

　　可以利用 Liveplot 局部放大图检查精修的效果。如图 11-10 所示，通过鼠标拖动放大可
以看到拟合的红色曲线和实际测试的衍射数据之间仍然有较大的偏差。通过仔细对比可以发
现，拟合结果与衍射数据之间在横轴 2θ 方面具有较大的差别。

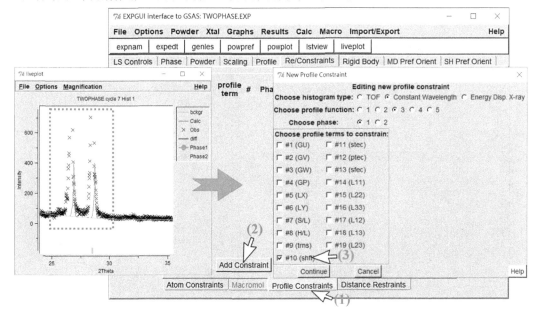

图 11-10　放大 Liveplot 局部图及约束条件的设定（彩图请扫章后二维码）

　　对这种 2θ 值差别比较大的情况，可以通过 shft 进行调节。由于在本例之中，采用的是两
相精修，从理论上来讲，这两相的 shft 应该是同一个数值，否则会产生逻辑矛盾。在进行两相
或者多相精修工作时，应该通过约束条件的设定来实现这些物相具有相同的偏移量。由于这
个偏移量是属于峰形（Profile）的范畴，所以，在 Re/Constraints 页面选择 Profile Constraints。
随后单击 Add Constraints 按钮并且选择 ♯10(shft)，然后单击 Continue 按钮，选择 Phase 1
和 Phase 2，就可以把两相偏移量的限制添加上，确保两相的 shft 属于同步变化。

　　在上一步的基础上，打开 Profile 页面，可以看到两相的峰形函数包含的各种参数。在这
里首先需要对 shft 进行精修工作。分别选择每个物相的 shft，如图 11-11 所示，依次单击
powpref 和 genles 按钮进行精修工作，精修之后可以看到优度因子 (χ^2) 已经下降为 26.30，权
重拟合因子 (R_{wp}) 已经下降为 0.488，峰形拟合因子 (R_p) 也下降为 0.3592。同时打开 liveplot
图，发现拟合数据图向测试数据靠拢，说明精修工作朝着好的方向在逐步优化。

　　在上面的基础上，接着对两个物相的晶胞参数进行设定和精修。在上一步的 liveplot 图
出现了精修两相的布拉格衍射位置，根据测试的衍射数据和前面做的物相分析等准备工作，通
过判断两个物相的强度对比，可以确定哪种相是主相，哪种相是次相。在对晶胞参数修正时，建
议首先对主相进行精修工作。在本例中，首先选择 Phase 1 的 Refine Cell，依次单击 powpref
和 genles 按钮进行运算，完成晶胞参数的进修工作，如图 11-12 所示。同理，接着选择 Phase 2

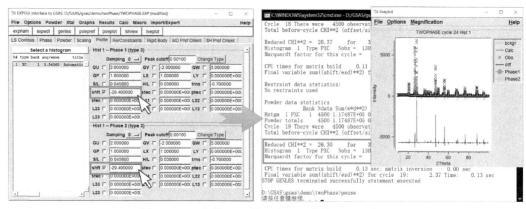

图 11-11 参数 Shft 的设定以及精修之后的效果

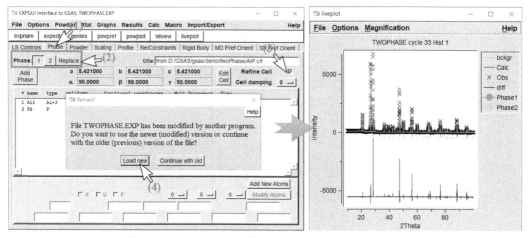

图 11-12 两个物相的晶胞参数设定以及精修效果图

的 Refine Cell,依次单击 powpref 和 genles 按钮进行精修工作。

依次完成两个物相的晶胞参数精修工作之后,可以看到图 11-13 的优度因子(x^2)已经降为 24.38,权重拟合因子(R_{wp})下降为 0.4696,峰形拟合因子(R_p)下降为 0.3459。从 liveplot 图中可以看出峰形方面获得了进一步优化。

然后回到 Profile 页面,对两个物相的峰形进行下一步的精修工作。一般可以采用两种方式,一种方式是两个物相一起进行精修工作;另一种方式是等完成一个物相所有的精修工作之后,接着对另一个物相进行精修工作。这两种工作模式都是可以的。对于初学者而言,建议分别对两个物相进行精修工作,以免操作不当引起精修结果发散。在本案例中,可以观察到上一步精修的结果和衍射数据比较,在强度方面吻合度不佳,具有较大的差别。对此,可以选择 Phase1 的 LY(见图 11-14)。

依次单击 powpref 和 genles 按钮,进行精修工作,在这个过程中,系统可能会询问是否要装载新的文档,单击 Load new 按钮,如图 11-15 所示。

从图 11-15 可以看出,精修之后的优度因子(x^2)已经下降为 5.221,权重拟合因子(R_{wp})也下降为 0.2173,峰形拟合因子(R_p)下降为 0.1621。通过查看 liveplot 图也发现精修后的数

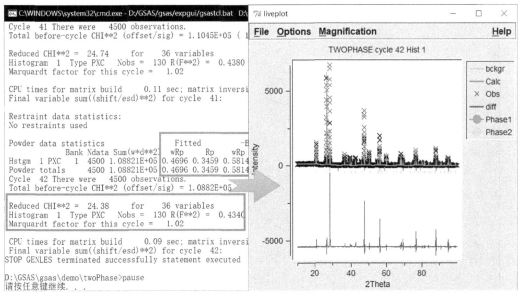

图 11-13　精修之后的优度因子及效果图

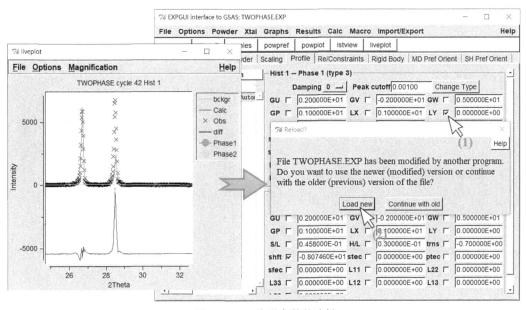

图 11-14　峰形参数的选择

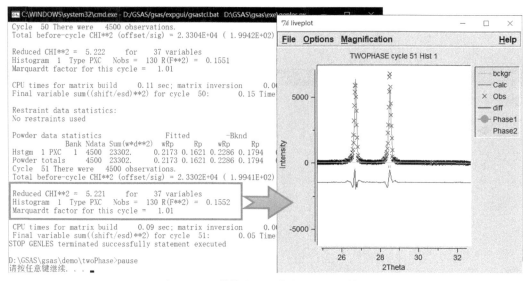

图 11-15 精修之后的优度因子以及结果

据已经非常接近测试的衍射数据。接着对 Phase 2 的 LY 参数进行选择,依次单击 powpref 和 genles 按钮进行精修工作(见图 11-16)。精修之后单击 liveplot 图发现残差进一步减小,目前的拟合与测试数据吻合度进一步改善。

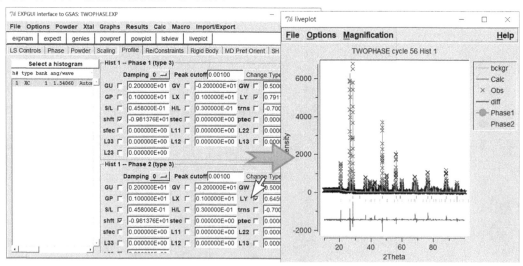

图 11-16 峰形参数的选择及精修的效果

　　然后需要对于 GW 参数进行选择和精修。同样地,对两个物相分别进行精修。如图 11-17 所示,通过两个物相依次精修之后,查看 liveplot 图可以发现,精修的数据和测试的衍射数据之间拟合度变得更好。

　　下一步对 Phase 1 和 Phase 2 的 GU-LX 参数分别进行选择,然后依次进行精修工作。每次精修工作都需要单击 powpref 和 genles 按钮。通过这两个步的精修工作之后,liveplot 图的效果愈加优化,如图 11-18 所示。

　　和上一步类似,如图 11-19 所示,可以对 Phase 1 和 Phase 2 的 GP-GV 参数进行选择,然

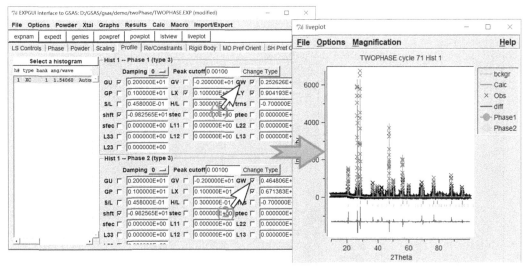

图 11-17　参数 GW 的选择以及精修的效果

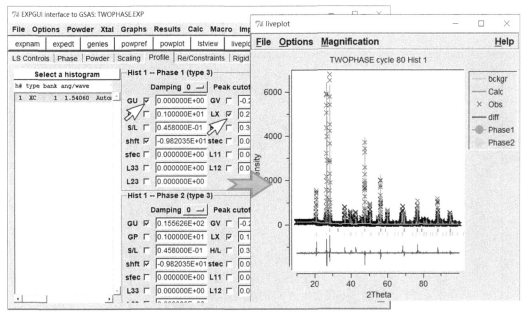

图 11-18　参数 GU-LX 的选择以及精修的效果

后依次单击 powpref 和 genles 按钮进行精修工作。liveplot 图通过放大之后可以看到存在一定程度的择优取向。

　　打开 SH Pref Orient 页面,选择球谐函数进行择优取向的精修。依次对 Phase 1 和 Phase 2 的择优取向进行选择,并且依次单击 powpref 和 genles 按钮进行精修工作。从图 11-20 可以看出,精修之后的优度因子(χ^2)、权重拟合因子(R_{wp})、峰形拟合因子(R_p)分别下降为3.612、0.1804、0.1342,愈发地接近精修的目标要求。

　　最后需要对两个物相的原子热振动进行精修工作。根据样品的实际情况,在进行原子热振动时,可以选择性地进行条件限制的设定。在本案例中,铝原子和磷原子的位置和原子热振

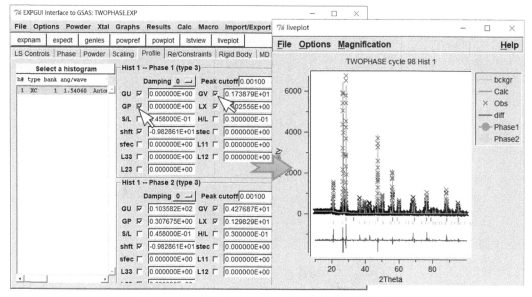

图 11-19　参数 GP-GV 的选择以及精修后的效果

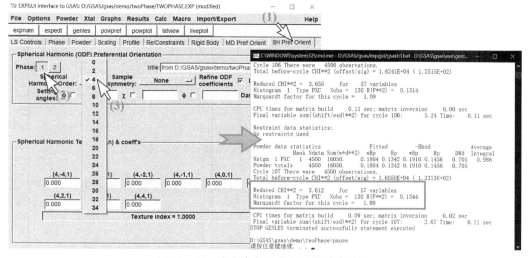

图 11-20　取向参数的设定以及动态结果

动基本一致。因此,单击 Atom Constraints 按钮,在弹出的对话框中单击 New Constraint 按钮,在弹出的对话框中用鼠标左键依次拖动并且选择 All 和 P2,然后鼠标单击 Variable 按钮,在出现的下拉菜单中选择 XYZU 项,如图 11-21 所示。

　　以同样的方法,选择 Phase 2 对其进行条件设置。如图 11-22 所示,可以依次选择 Si 和 O,然后在变量里采用鼠标单击 Variable 按钮,在出现的下拉菜单中选择 XYZU 项,然后单击 Save 按钮,通过上面的操作即可完成两个物相的条件限制。

　　当上述设置完成之后,单击 Phase,回到物相(Phase)的精修页面(见图 11-23)。分别单击 Phase 后的 1 和 2,然后拖动用鼠标选择需要精修的化学元素,用鼠标拉动或者拖动即可完成选择,如果发现选择错误,也可以通过鼠标点击去掉。

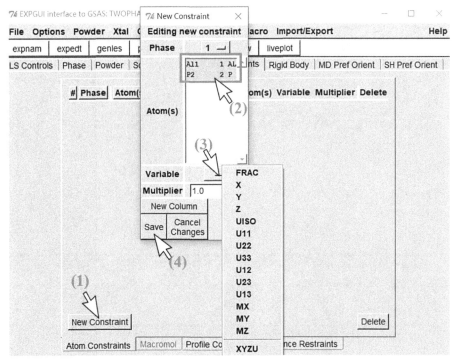

图 11 - 21　进行条件限制的参数设定

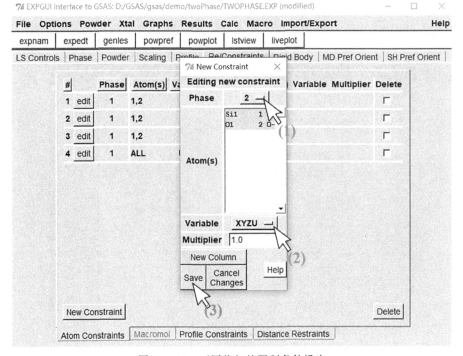

图 11 - 22　不同物相的限制条件设定

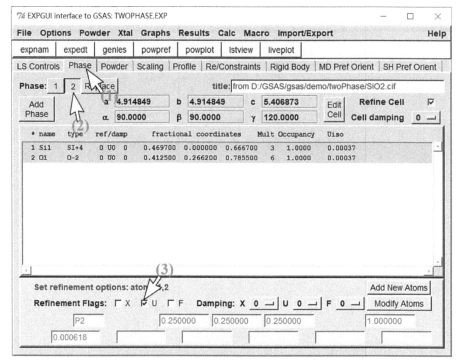

图 11-23　物相的原子温度因子的选择

在本例中,选择 Phase 2 中 Si 和 O 全部的原子热振动进行精修工作,依次单击 powpref 和 genles 按钮进行精修运算过程。通过 DOS 的后台运算,如图 11-24 所示,可以看到优度因子(χ^2)、权重拟合因子(R_{wp})、峰形拟合因子(R_p)的数值进一步下降,说明所选择的参数是正确的。

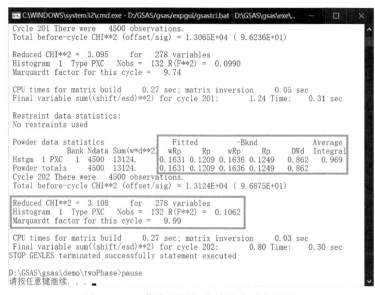

图 11-24　优度因子拟合结果的动态展示

随后可以回到 Profile 页面（见图 11 - 25），对其他参数进行选择和精修。在这里建议通过每次的参数选择，并且依次单击 powpref 和 genles 按钮进行精修工作。由于 GSAS 软件提供非常便捷的实时动态显示效果，建议每次精修之后的效果都通过 liveplot 图来查看。

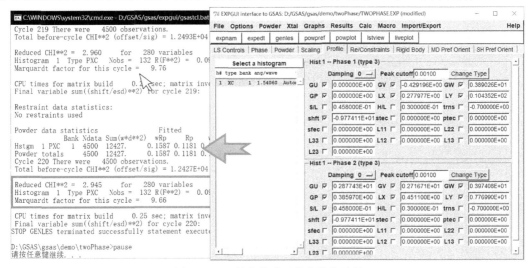

图 11 - 25　其他峰形函数参数的选择

精修效果达到基本要求之后，优度因子（χ^2）、权重拟合因子（R_{wp}）、峰形拟合因子（R_P）都可以通过 DOS 的动态页面进行查看（见图 11 - 26）。如果这些参数的数值都在进一步地下降，可以选择更多的参数参与精修运算，直到优度因子（χ^2）、权重拟合因子（R_{wp}）、峰形拟合因子（R_P）到达一个合理的范围。

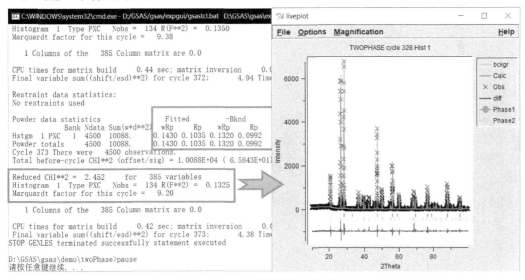

图 11 - 26　拟合结果的动态展示

11.3 两相精修结果的提取

精修工作完成之后,就可以对精修的数据和结果进行查看。选择 lstview 命令,通过鼠标的拖动来查看到各种精修因子最终数值,如图 11-27 所示。结果显示:优度因子(χ^2)达到 2.452、权重拟合因子(R_{wp})为 0.143、峰形拟合因子(R_p)数值为 0.1035,这些数值基本上达到了精修的要求。如果想要精修的结果更好,可以在测试时进一步提高采集数据的质量。

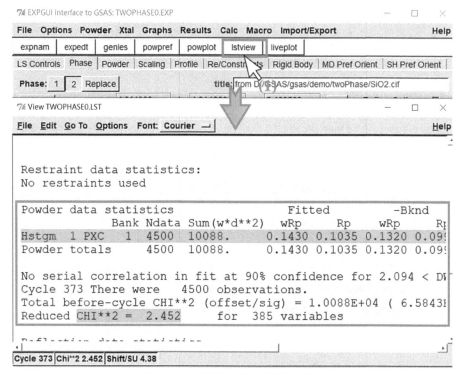

图 11-27 精修后的各种数据结果

通过鼠标下拉和移动可以查看精修之后两个物相的相对含量。值得一提的是,多相精修结果的相对含量一般显示的是质量百分比。通过图 11-28 可以看到,Phase 1 的质量百分比含量是 47.75%;而 Phase2 的质量百分比含量是 52.25%。由于测试的样品中不存在其他的物相,所以两个物相之和等于 100%。

另外,如图 11-29 所示,也可以查看物相一(Phase 1)和物相二(Phase 2)的晶胞常数。在本案例中,可以发现 Phase 1 晶胞参数 $a=b=c$,均为 5.432686 Å。而 Phase 2 的晶胞参数 $a=b=4.914320$ Å,$c=5.406533$ Å。

此外,GSAS 软件还提供了一个结构数据 CIF 文档的输出功能。这个 CIF 文档可以通过其他晶体软件打开,可以显示三维的空间结构。如图 11-30 所示,可以对 CIF 进行输出,需要注意的是这个 CIF 是精修之后的结构文档。这一个结构文档可以作为下次精修的结构文档。打开 Impot/Export 菜单,在下拉菜单中选择 CIF Export 项,就可以实现结构文档 CIF 的输出。同时也会发现在精修工程的同级目录下,产生了新的结构格式文件。此外,在 Import/

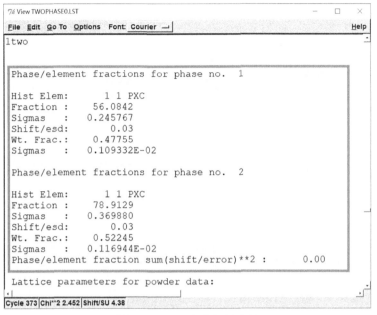

图 11-28　两个物相的含量

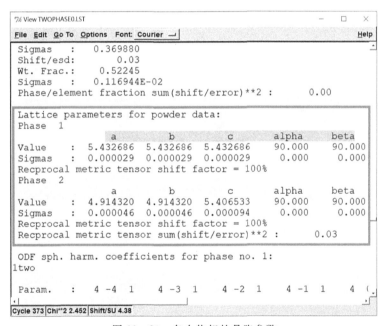

图 11-29　各个物相的晶胞参数

Export 菜单中选择 hklsort 选项,可制作 HKL 表。

　　GSAS 还可以计算每一个物相的原子间键长。以物相 1 为例,如图 11-31 所示,选择 Phase 旁边的按钮 1,表示对物相 1 进行原子键长的计算。在 Atom Type 中选择 all 项,Dmax Filter 可以设定一个最长的原子键长数值,然后单击 Run DISAGL Program 按钮,可以计算并且获得 Al 原子和 P 原子组成的 AlP 物相的各种键长。

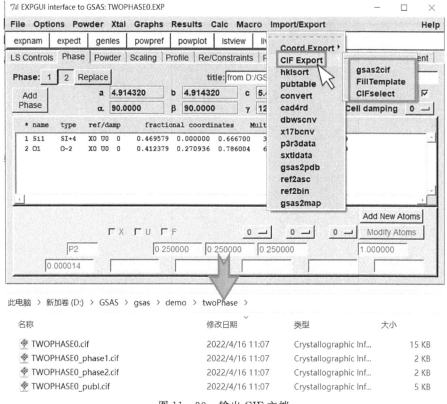

图 11 - 30　输出 CIF 文档

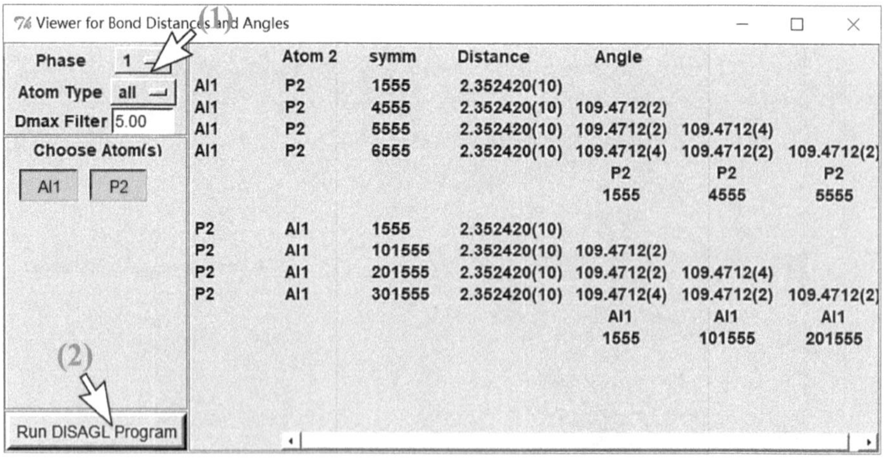

图 11 - 31　精修之后的物相 1 的原子键长

当然,如果需要将精修的数据用 origin 或者 igor 等软件进行绘图,就需要对精修的各种数据进行输出。如图 11 - 32 所示,在 liveplot 窗口的 File 菜单中选择 Export plot→as.csv file 选项,就可以直接输出精修后的数据。csv 文件格式可以直接读取/导入到 origin 或 igor 程序中。通过绘图软件的具体设置和调整,可以完成精修结果的图形绘制,在发表研究成果时能提供很大的方便。

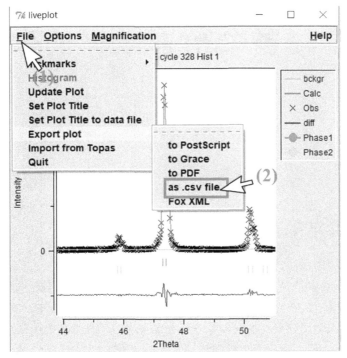

图 11-32　精修之后的数据导出

本章展示了如何进行两相精修工作。对于粉体中含有两相以上的情况,其操作过程基本类似,读者可自行进行练习和总结。

习　题

1. 多相精修的应用场景是什么?

2. 多相精修时对于标度因子的处理应该注意什么?

3. 多相精修每个物相的含量和哪些参数有密切关系?

4. 名词解释:多相精修、标度因子、阻尼系数。

5. 多相精修时,如何合理地处理 shit 这个参数?

扫码看彩图

第 12 章　多个衍射数据的批量精修

12.1　多个测试数据批量精修概述

在科学研究过程中,有时需要进行化学元素的掺杂或者元素的替代。一个典型的例子是,在发光材料研发时,需要给发光基质中加入敏化剂和激活剂。大多情况下,敏化剂和激活剂是按照一定的比例和一定的浓度进行添加的。因此所制备的样品在测试 XRD 时,测试结果会呈现出某种渐变的趋势。如果对测试结果进行结构精修工作,那么按照常规的思路应该对每一个测试数据进行精修,直到所有的数据均完成精修工作。但这样操作的工作量巨大,另外,如果精修过程中出现了精修发散的情况,实际的工作过程会变得更加烦琐,影响数据的处理效率。

鉴于上面的情况,当测试得到一系列的衍射数据,而这些衍射数据又具有比较近似的晶体结构和空间群时。比如,当进行元素系列掺杂时,掺杂的元素在很多情况下仅仅引起峰位的移动,意味着只是引起晶胞膨胀或者缩小。随着不同掺杂浓度的变化,其衍射数据仅出现了一些微小的变化。对这种情况可以采用多组衍射数据的批量精修策略,这样就不用对每一个衍射数据进行从头到尾的重复精修操作,而只对其中的一个衍射数据进行精修之后将精修的参数保存下来,然后以保存的参数作为其他精修的初始值,对其他的衍射数据进行批量处理,这样就可以大大地提高工作效率。

12.2　批量处理——多个衍射数据的精修实践

某研究所获得了六个样品,现在的任务是要对这六个样品进行结构精修。经过元素分析已知这六个样品均只包含两个元素,分别是铝元素和氧元素。通过丹东浩元的 DX - 2700BH 型粉末 X 射线衍射仪器测试六个样品,结合前面学到的物相检索发现这六个样品具有相同的物相结构,属于刚玉相。这里有六个衍射数据,将获得的测试数据采用前面章节的方法转换为 .gsas 格式,存放在同一个文件目录下。

和前面章节做法类似,通过物相检索以及晶体结构网站找到检索物相的 CIF 文档,在本例中这个结构 CIF 文档命名为 Al2O3.cif,可以提前在精修工作的文件夹将这个结构文档(Al2O3.cif)存放(见图 12 - 1)。六个样品测试数据的文件暂且分别命名为 data08_0 到 data08_5,值得注意是,进行批量精修之前,所获得的测试数据的命名最好一致,比较推荐的做法就是通过下画线和后面的数字进行测试数据的命名和区分,如图 12 - 1 所示。

图 12-1　批量精修的衍射数据

据前面的精修方法，首先对命名为 data08_0 的第一个衍射数据进行 GSAS 精修工作。将这个精修的工作暂且命名为 XILIE。可以借鉴前面章节的精修策略和方法，通过调节非结构参数和结构参数使精修的结果达到较满意的程度。经过一系列的精修步骤，最终获得的结果如图 12-2 所示，显示出优度因子（χ^2）等于 0.43、权重拟合因子（R_{wp}）等于 4%、峰形拟合因子（R_p）等于 3%。

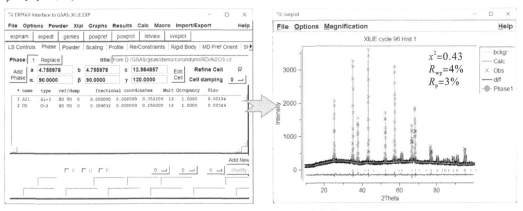

图 12-2　首个衍射数据的精修结果

对于系列精修而言，第一个数据的精修工作所占用的时间最长，同时第一个数据的精修结果也是最重要的。良好的开端是成功的一半，后面的数据将会以第一个数据的精修结果作为参考值，所以第一个精修工作的质量直接影响到后面其他数据精修结果的质量。

为了完成随后的批量精修，需要对第一个精修结果所获得的参数进行一些设置。首先，在 LS Controls 界面单击 Print Options 按钮，然后在下拉的菜单中选择 Output parameter name， value & esd to file(1024)选项,如图 12 - 3 所示。这样相当于把第一个精修获得的各种参数作为批量精修的初始值。

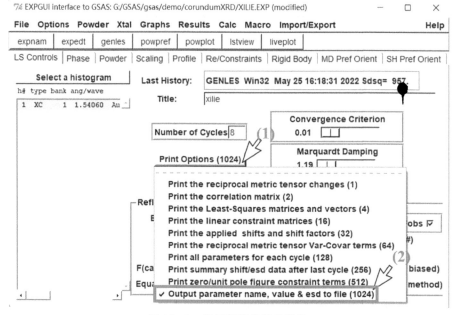

图 12 - 3 批量精修参数的设定

然后,单击 genles 进行运算,如图 12 - 4 所示,把第一个获得较为满意的精修结果的各种参数运行一遍,也相当于调用上一步精修结果里面包含的所有参数。

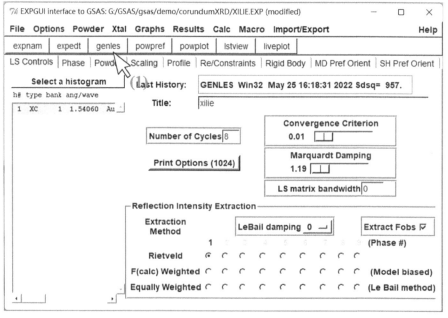

图 12 - 4 进行 genles 运算

和前面的章节比较类似,系统会出现精修过程的动态 DOS 界面,如图 12 - 5 所示,可以看到优度因子(χ^2)等于 0.434、权重拟合因子(R_{wp})等于 4.01％、峰形拟合因子(R_p)等于 3.08％,按任意键继续。

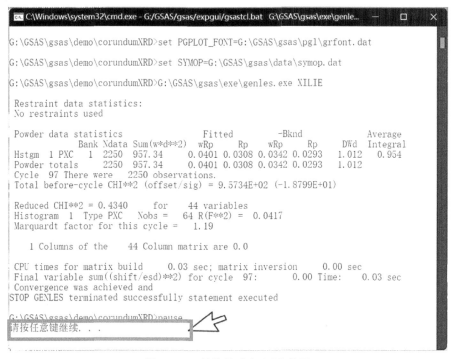

图 12-5　精修的动态 DOS 界面

这时可以看到如图 12-6 所示的结果。值得注意的是在 Last History 框中可以看到 EX-PGUI 1188 1177(1 changes)后面显示出时间,相当于 GSAS 软件记录了精修的每一步的事件

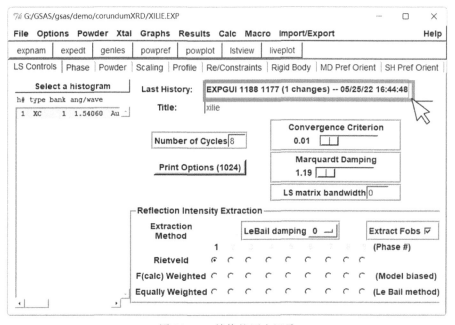

图 12-6　精修的历史记录

历史。以上操作为随后的批量精修提供了必要的参数初值,可以使得随后的批量精修在较短的时间内快速收敛。

如图 12-7 所示启动批量精修。为了达到此目的,首先需要选择 Calc 命令,在其下拉的菜单中选择 Seqgsas 选项,意味着确认启动进行批量精修工作。此时,GSAS 程序的 DOS 窗口首先会运行,并且随后会出现交互式命令和咨询。

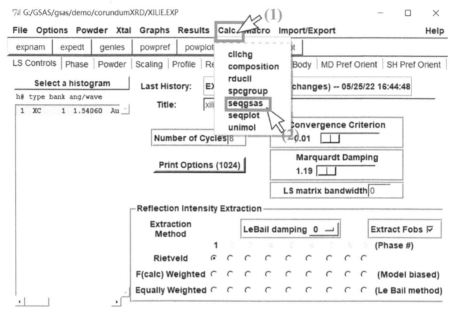

图 12-7 批量精修的启动过程

这时需要对于批量精修的顺序进行设定,如图 12-8 所示。当系统询问 Do you want to process files in reverse order? 可以输入 n 并且回车,意味着精修时按照一个正常的顺序进行

图 12-8 批量精修的顺序设定

数据处理,即从第一个数据到最后一个数据的顺序进行精修工作。

系统出现信息咨询“Enter last file to process(<CR> for all available)”,如图 12-9 所示,输入 n 并回车。系统接着出现咨询信息“Are you ready to processed(Y/<N>)?”,输入 y 并回车。GSAS 会根据刚才的设定开始启动批量精修工作。

```
C:\Windows\system32\cmd.exe - G:/GSAS/gsas/expgui/gsastcl.bat  G:\GSAS\gsas\exe\seqgsas.exe XILIE
G:\GSAS\gsas\demo\corundumXRD>G:\GSAS\gsas\exe\seqgsas.exe XILIE

          -------------------------------------------------
               Program SEQGSAS Version Win32
           Sequential Rietveld refinement program
          Distributed on Tue Aug 14 16:45:26 2012
          -------------------------------------------------

  -------------------------------------------------------------
             Allen C. Larson and Robert B. Von Dreele
        Manuel Lujan, Jr. Neutron Scattering Center, MS-H805
        Los Alamos National Laboratory, Los Alamos, NM  87545

    Copyright, 2000, The Regents of the University of California.
  -------------------------------------------------------------

 The starting experiment file is: XILIE.EXP
 Experiment title:
         xilie
 This should be a completed refinement with all desired parameters refined.
 All refinement flags & options should be set as needed for final
 refinement cycles.
 Set "V" L-S print option for simple table of all parameters & esds.
 The data files should be in numerical sequence beyond the one used
 in this refinement. Raw data file names such as:
 stuff_0.gda stuff_1.gda ... stuff_nnn.gda are suitable
 Do you want to process files in reverse order (Y/<N>)? >n
 Enter last file to process (<CR> for all available) >n
 Are you ready to proceed (Y/<N>)? >y
```

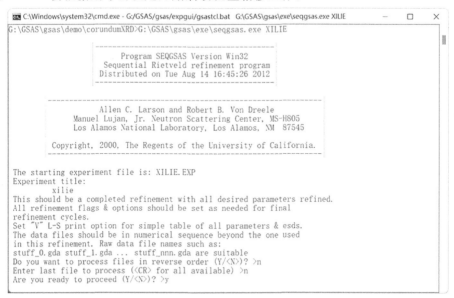

图 12-9　批量精修的过程设置

整个批量精修的运算过程中会出现如图 12-10 所示的动态页面,直到所有的数据都完成精修工作。批量精修工作速度很快,只需几十秒即可完成一系列数据的精修工作。当所有数据的精修工作完成之后,系统会询问“Do you except more by now(Y/<N>)?”,输入 n 并回车。

```
C:\Windows\system32\cmd.exe - G:/GSAS/gsas/expgui/gsastcl.bat  G:\GSAS\gsas\exe\seqgsas.exe XILIE
 Reduced CHI**2 = 0.8153      for    44 variables
 Histogram  1  Type PXC   Nobs =    64 R(F**2) =  0.0443
 Marquardt factor for this cycle =   1.27

    1 Columns of the     44 Column matrix are 0.0

 CPU times for matrix build     0.02 sec; matrix inversion     0.00 sec
 Final variable sum((shift/esd)**2) for cycle 176:        0.10 Time:     0.02 sec

 Restraint data statistics:
 No restraints used

 Powder data statistics                   Fitted          -Bknd            Average
                 Bank Ndata Sum(w*d**2)  wRp     Rp     wRp     Rp     DWd  Integral
 Hstgm  1 PXC    1  2250   1798.3     0.0696 0.0501 0.0513 0.0405    1.129   0.954
 Powder totals      2250   1798.3     0.0696 0.0501 0.0513 0.0405    1.129
 Cycle 177 There were    2250 observations.
 Total before-cycle CHI**2 (offset/sig) = 1.7983E+03 (-6.1377E+00)

 Reduced CHI**2 = 0.8152      for    44 variables
 Histogram  1  Type PXC   Nobs =    64 R(F**2) =  0.0457
 Marquardt factor for this cycle =   1.27

    1 Columns of the     44 Column matrix are 0.0

 CPU times for matrix build     0.02 sec; matrix inversion     0.00 sec
 Final variable sum((shift/esd)**2) for cycle 177:        0.06 Time:     0.02 sec
STOP GENLES terminated successfully statement executed
 No more raw data files
 Do you expect more by now (Y/<N>)? >_
```

图 12-10　批量精修的运算过程

这时系统显示出"SEQGSAS finished"信息(见图 12 - 11),表明所有数据的精修工作全部完成,然后按任意键继续。

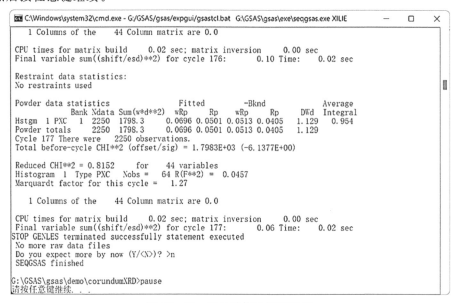

图 12 - 11　批量精修的运算完成

随后,可以查阅所有参与批量精修的数据和运算结果。选择 File→Open 选项,如图 12 - 12 所示。

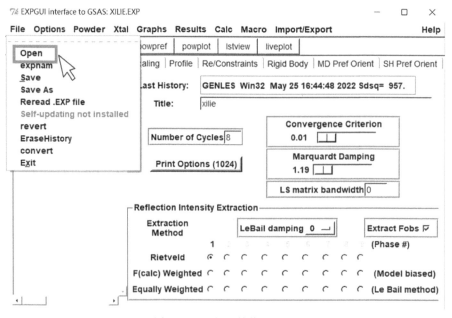

图 12 - 12　批量精修的查阅

系统打开 Experiment file 窗口,如图 12 - 13 所示,可以看到精修文档的存放目录,出现从 XILIE_1 至 XILIE_5 文件名,对应着 data08_1 到 data08_5 衍射数据的精修结果。从中可以选择任意一个精修文档,然后单击 Read 按钮即可打开。

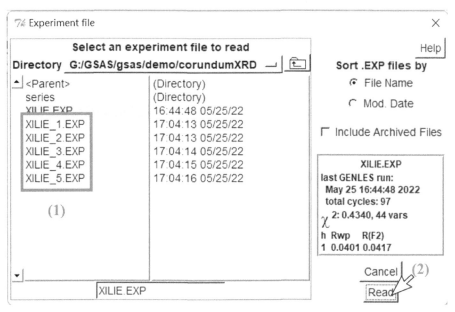

图 12-13　批量精修的结果队列

通过 liveplot 图可以看到 XILIE_1 的精修结果,如图 12-14 所示,对于 XILIE_1 显示,经过 113 次循环运算后,优度因子(χ^2)等于 0.48、权重拟合因子(R_{wp})等于 4.8%、峰形拟合因子(R_p)等于 3.4%,这个结果还是比较令人满意的。

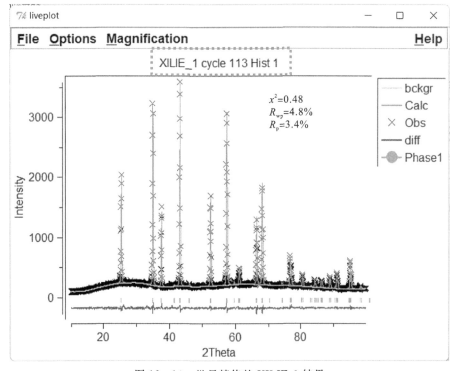

图 12-14　批量精修的 XILIE_1 结果

同理,选择 XILIE_2 精修文档,通过 liveplot 图可以看到的精修效果。如图 12-15 所示,对于 XILIE_2 显示,经 129 次运算后,优度因子(x^2)等于 0.52、权重拟合因子(R_{wp})等于 4.8%、峰形拟合因子(R_P)等于 3.6%,这个结果也能接受。

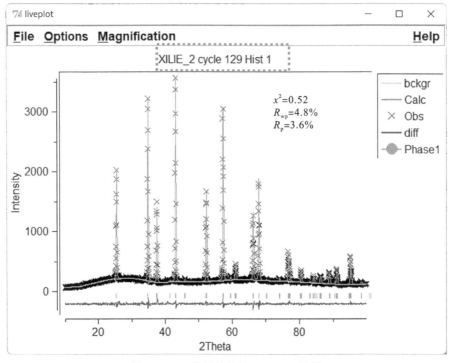

图 12-15　批量精修的 XILIE_2 结果

类似地,通过 liveplot 图可以看到最后一个数据的精修结果 XILIE_5。对于 XILIE_5,显示 177 次运算后,优度因子(x^2)等于 0.81、权重拟合因子(R_{wp})等于 6.9%、峰形拟合因子(R_P)等于 5.1%,如图 12-16 所示,这个结果也不错。

如果需要查阅精修结果的其他详细信息,可以打开 lstview 窗口。以 XILIE_5 为例,如图 12-17 所示,通过鼠标移动可以查阅到优度因子(x^2)、权重拟合因子(R_{wp})、峰形拟合因子(R_P)等拟合值,也可以查阅到晶胞常数等重要的结构信息。如果是多个物相的批量精修,还可以看到每个物相的精确含量。

当然,也可以回到存放测试数据的目录,如图 12-18 所示,发现系统输出了一些文件,它们就是批量精修结果的输出文档。批量精修结果的输出也是按照一定的顺序,文件名和精修的系列文件相对应。这些精修结果的输出文档都可以通过 GSAS 程序对相关的内容进行读取和查询。

本章采用一系列衍射数据作为案例说明批量精修的操作,通过抛砖引玉,使得读者快速掌握批量精修操作的要点。对于情况更加复杂的一些测试数据,批量精修的操作过程大同小异,读者只需要通过一些实践,相信会很快掌握批量精修的技巧。

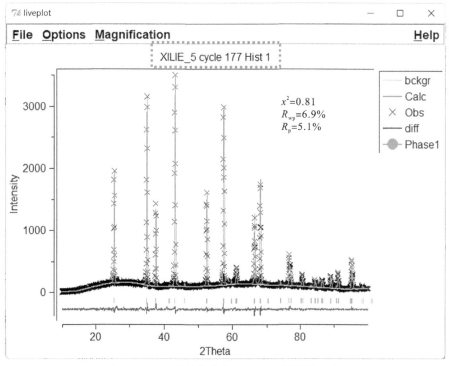

图 12 - 16　批量精修的 XILIE_5 的绘图显示

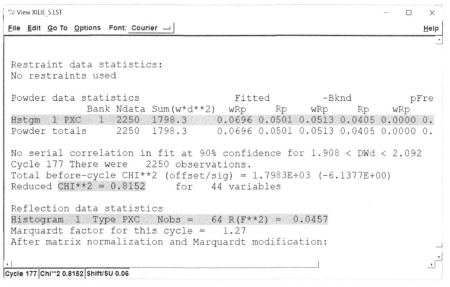

图 12 - 17　批量精修的 XILIE_5 的 lstview 窗口

XILIE_1.CMT	XILIE_2.CMT
XILIE_1.EXP	XILIE_2.EXP
XILIE_1.LST	XILIE_2.LST
XILIE_1.O01	XILIE_2.O01
XILIE_1.O02	XILIE_2.O02
XILIE_1.O03	XILIE_2.O03
XILIE_1.O04	XILIE_2.O04
XILIE_1.P01	XILIE_2.P01
XILIE_1.PVE	XILIE_2.PVE
XILIE_1.R01	XILIE_2.R01

图 12-18 批量精修结果的输出文档

习　题

1. 批量精修的应用场景是什么？
2. 在批量精修之前，测试数据的命名应该如何处理比较合理？
3. 批量精修之后如何查阅批量精修的数据和结果？

参考文献

[1]TOBY BH. EXPGUI,a graphical user interface for GSAS[J]. J Appl Crystallogr. 2001; 34:210－3.

[2]LARSON A,DREELE RV. General structure analysis system(GSAS)[J]. Los Alamos Natl. Lab. ;Los Alamos,New Mexico,2004 Contract No. ;LAUR 86－748.

[3]马礼敦. 近代 X 射线多晶体衍射——实验技术与数据分析[M]. 北京:化学工业出版社, 2004.

[4]LAKE CH,TOBY BH. Rigid body refinements in GSAS/EXPGUI[J]. Powder Diffr. 2011;26:S13－S21.

[5]VOGEL SC. gsaslanguage:a GSAS script language for automated Rietveld refinements of diffraction data[J]. J Appl Crystallogr. 2011;44:873－7.

[6]梁敬魁. 粉末衍射法测定晶体结构(上下册)[M]. 北京:科学出版社,2011.

[7]IDRIS MS,OSMAN RAM. Structure Refinement Strategy of Li-based Complex Oxides Using GSAS-EXPGUI Software Package[J]. Adv Mater Res-Switz. 2013;795:479－82.

[8]WU XQ,TANG PX,PAN QQ,et al. Crystal structure determination of three polycyclic compounds and comparative Rietveld refinement between MS and GSAS programs[J]. Chinese Sci Bull. 2013;58(20):2430－4.

[9]施洪龙. X 射线粉末衍射和电子衍射——常用实验技术与数据分析[M]. 北京:中央民族大学出版社,2014.

[10]郑振环,李强. X 射线多晶衍射数据 Rietveld 精修及 GSAS 软件入门[M]. 北京:中国建材工业出版社,2016.

[11]TOBY BH. Adventures in Symmetry with GSAS-Ⅱ[J]. Acta Crystallogr A. 2019;75: A342－A.

[12]GE W,XU M,SHI J,et al. Highly temperature-sensitive and blue upconversion luminescence properties of $Bi_2Ti_2O_7:Tm^{3+}/Yb^{3+}$ nanofibers by electrospinning[J]. Chemical Engineering Journal. 2020;391:123546.

[13]GE W,ZHANG P,ZHANG X,et al. Amorphous Alumina:A Bright Red Matrix for Flexible and Transparent Anti-counterfeiting[J]. ACS Sustainable Chemistry & Engineering. 2021.

[14]GAO W,GE W,SHI J,et al. Stretchable,flexible,and transparent $SrAl_2O_4:Eu^{2+}$@TPU ultraviolet stimulated anti-counterfeiting film[J]. Chemical Engineering Journal. 2021;

405:126949.

[15]SHI J,GE W,TIAN Y,et al. Enhanced Stability of All-Inorganic Perovskite Light-Emitting Diodes by a Facile Liquid Annealing Strategy[J]. Small. 2021;17(14):2006568.

[16]黄继武,李周.多晶材料 X 射线衍射——实验原理、方法与应用(第 2 版)[M].北京:冶金工业出版社,2021.

[17]黄继武,李周.X 射线衍射理论与实践[M].北京:化学工业出版社,2021.

[18]江超华.多晶 X 射线衍射技术与应用[M].北京:化学工业出版社,2014.

[19]潘峰,王英华,陈超.X 射线衍射技术[M].北京:化学工业出版社,2016.

[20]麦振洪.X 射线衍射动力学——理论与应用[M].北京:科学出版社,2020.

[21]徐勇,范小红.X 射线衍射测试分析基础教程[M].北京:化学工业出版社,2014.

[22]张杰男,汪君洋,吕迎春,等.锂电池研究中的 X 射线多晶衍射实验与分析方法综述[J].储能科学与技术.2019;8(3):443 − 67.

后　记

对于结构精修而言,是一个熟能生巧的过程,需要大量练习,读者才能收获一些心得和感悟。鉴于笔者水平所限,虽有志向,而才疏学浅,实为憾事。本书旨在抛砖引玉,激发读者学习X射线衍射技术的兴趣。实践出真知,相信读者通过自己的大量实践,假以时日,多加练习,水平必会突飞猛进。

行文至此,笔者想起了《庄子·天道》记载一个做车轮水平很高的匠人——轮扁。故事有趣,与读者共享。

桓公读书于堂上,轮扁斫轮于堂下,释椎凿而上,问桓公曰:"敢问,公之所读者何言邪?"。

公曰:"圣人之言也。"

曰:"圣人在乎?"

公曰:"已死矣"。

曰:"然则君之所读者,古人之糟粕已夫!"。

桓公曰:"寡人读书,轮人安得议乎! 有说则可,无说则死"。

轮扁曰:"臣也以臣之事观之。斫轮,徐则甘而不固,疾则苦而不入,不徐不疾,得之于手而应乎于心,口不能言,有数存焉于其间。臣不能以喻臣之子,臣之子亦不能受之于臣,是以行年七十而老斫轮。古之人与其不可传也死矣,然则君之所读者,古人之糟粕已夫"。

对此,庄子不由得发出感慨:"世之所贵道者,书也。书不过语,语有贵也。语之所贵者,意也,意有所随。意之所随者,不可以言传也,而世因贵言传书。世虽贵之,我犹不足贵也,为其贵非其贵也。故视而可见者,形与色也;听而可闻者,名与声也。悲夫! 世人以形色名声为足以得彼之情。夫形色名声,果不足以得彼之情,则知者不言,言者不知,而世岂识之哉"。

轮扁做车轮水平独具匠心,能够得之于手而应于心,然而欲把最微妙的感悟传于自己儿子,却很困难。因为最精彩的部分,往往只可意会,难以言传。知识可传,匠心难传。尽管如此,每个人经过不辍的练习与努力,积跬步可至千里,积小流而成江海,终会有所收获。坚持不懈,技艺入神,如同卖油翁一样,酌油沥之,自钱孔入,而钱不湿。

笔者愚钝之人,见识所限,远不能及轮扁。虽有些许刻苦精神,然至今建树寥寥。故而,在写作过程中常有词不达意的苦恼和江郎才尽的窘迫,为此,笔者对于本书的出版,内心不胜惶恐,常羞于自己之浅薄,但恐误人之慧命。

科研不易,其过程漫长而艰辛。实验数据的采集、分析和结果整理,不仅需要一丝不苟和勇于吃苦的精神,更需要坚韧不拔的毅力。作家路遥曾经说过"只有初恋般的热情和宗教般的意志,人才有可能成就某种事业"。这其实可以用于我周围的很多科研工作者,他们对科研既有热情,更有坚持,用行动诠释了爱是恒久的忍耐。这些如我一样默默工作的"青椒"们,热爱着科研,在平凡中一直努力着,坚持着,初心不改。

本书在理论上追求浅显,内容不追求博大,主要面向轻工大类的学生,旨在简明扼要,使得学生在短时间内一窥 X 射线衍射技术的全貌,体会到这种技术的魅力。有更高需求的读者建议阅读其他高水准的相关书籍,包括梁敬魁院士、黄继武、马礼敦、郑振环、李强、江超华、潘峰、王英华、陈超、麦振洪、徐勇等教授们的著作,必有高屋建瓴的感觉。

鉴于作者水平所限,书中必多错误,如读者发现错误之处,欢迎批评指正,将不胜感激。

如果本书能够给读者一些帮助,将是对笔者努力的最大肯定。如果本书能够为中国科技大厦的构建添砖添瓦,亦足以慰藉笔者心中的那份报效祖国的志向。

祝愿读者取得更具创新的科研成果。

祝愿中华民族早日实现复兴和腾飞。